Hel Braun

Eine Frau und die Mathematik 1933-1940

Der Beginn einer wissenschaftlichen Laufbahn

Herausgegeben von
Max Koecher

Springer-Verlag
Berlin Heidelberg New York
London Paris Tokyo
Hong Kong

Prof. Dr. Max Koecher
Hofbauers Kamp 26
4542 Tecklenburg

Mathematics Subject Classification (1980): 01 A 70

ISBN-13: 978-3-642-75428-9   e-ISBN-13: 978-3-642-75427-2
DOI: 10.1007/ 978-3-642-75427-2

Dieses Werk ist urheberrechtlich geschützt. Die dadurch begründeten Rechte, insbesondere die der Übersetzung, des Nachdrucks, des Vortrags, der Entnahme von Abbildungen und Tabellen, der Funksendung, der Mikroverfilmung oder der Vervielfältigung auf anderen Wegen und der Speicherung in Datenverarbeitungsanlagen, bleiben, auch bei nur auszugsweiser Verwertung, vorbehalten. Eine Vervielfältigung dieses Werkes oder von Teilen dieses Werkes ist auch im Einzelfall nur in den Grenzen der gesetzlichen Bestimmungen des Urheberrechtsgesetzes der Bundesrepublik Deutschland vom 9. September 1965 in der Fassung vom 24. Juni 1985 zulässig. Sie ist grundsätzlich vergütungspflichtig. Zuwiderhandlungen unterliegen den Strafbestimmungen des Urheberrechtsgesetzes.

© Springer-Verlag Berlin Heidelberg 1990
Softcover reprint of the hardcover 1st edition 1990

2144/3140-543210   Gedruckt auf säurefreiem Papier

Vorwort des Herausgebers

Hel Braun wurde am 3.6.1914 in Frankfurt(Main) als Tochter des Turnlehrers Robert Gottlob Braun und seiner Ehefrau Emma Braun, geb. Bayha, geboren. Sie studierte Mathematik und Versicherungsmathematik vom Sommersemester 1933 bis zum Sommersemester 1937 an den Universitäten Frankfurt(Main) und Marburg. Im Jahre 1937 promovierte sie bei C.L. Siegel in Frankfurt und ging 1938 als seine Assistentin mit ihm nach Göttingen. Im Dezember 1940 habilitierte sie sich an der Universität Göttingen für das Fach Mathematik. Schon 1941 erhielt sie eine Dozentur in Göttingen und wurde dort 1947 zum außerplanmäßigen Professor ernannt. Im akademischen Jahr 1947/48 nahm sie eine Einladung an das Institute for Advanced Study in Princeton (USA) wahr.

Als C.L. Siegel, der 1940 über Dänemark in die Vereinigten Staaten emigriert war, 1951 nach Göttingen zurückkehren wollte, bemühte sie sich um eine Stelle an der Universität Hamburg. Im Wintersemester 1951/52 hielt sie dort Gastvorlesungen, habilitierte sich 1952 nach Hamburg um und wurde im gleichen Jahr zur außerplanmäßigen Professorin am Mathematischen Seminar der Universität Hamburg ernannt. Im Jahre 1965 wurde sie in Hamburg zum wissenschaftlichen Rat und Professor ernannt und erhielt 1968 als Nachfolgerin von H. Hasse eine ordentliche Professur. Nach ihrer Emeritierung 1981 lebte sie in Hamburg und Göttingen. Sie verstarb am 15.5.1986 in Göttingen.

Der vorliegende Bericht aus ihrer Feder beschreibt – wie sie mir einmal sagte – das Leben einer Mathematikstudentin zu Anfang der dreißiger Jahre und setzt diese Beschreibung bis zu ihrer Habilitation fort. Als Überschrift notierte sie

Der Beginn einer wissenschaftlichen Laufbahn (weiblich).

In die Berichtszeit fällt ihre Freundschaft mit dem bekannten Mathematiker C.L. Siegel. Es ist ein dezent geschriebener und unpolitischer Bericht. Allerdings verschweigt sie ihre Abneigung gegen die neuen Machthaber nicht: Wegen politischer Differenzen mit Vertretern der offiziellen Studentenschaft verließ sie Frankfurt und studierte 1935/36 zwei Semester in Marburg bei Reidemeister und Rellich. Ihre Stellung als Frau in einer „Männerwissenschaft" beschreibt sie prägnant (Seite 72):

Und damit das ganz klar ist: Wenn heutzutage immer wieder Frauen sich benachteiligt fühlen, dann kann ich zwar mitfühlen, aber ich selbst habe mich nie benachteiligt gefühlt. Immer wieder habe ich gesagt, daß die Mathematiker von jedem Frauenzimmer begeistert sind, das ein hübsches Integralzeichen an die Tafel schreiben kann.

Eine Würdigung ihres wissenschaftlichen Werdeganges von H. Strade und eine Liste ihrer Publikationen ist in den Mitteilungen der Mathematischen Gesellschaft in Hamburg, Band XI, Heft 4, 1987, abgedruckt.

Frau Braun hat diesen Bericht von Mai 1982 bis November 1983 geschrieben. Bei einem meiner Besuche in ihrer Ferienwohnung in Göttingen erzählte sie mir davon und meinte dazu, daß es doch für die heutigen Studenten von Interesse sein müßte, zu erfahren, wie verschieden ein Studium damals im Vergleich zu heute gewesen sei. Nach ihrem Tode machte ich ihren Neffen, Herrn R. Braun, darauf aufmerksam, daß ein solcher Bericht unter ihren nachgelassenen Papieren zu finden sein müßte. Herausgeber und Verlag danken Herrn R. Braun für die Überlassung des Textes sowie von 9 Bildern zum Druck. Aus kleinen Bemerkungen im Manuskript ging hervor, daß Frau Braun an eine Überarbeitung und anschließende Publikation des Textes gedacht hatte. Bis auf solche Bemerkungen wurde der Bericht wörtlich und buchstabengetreu abgedruckt. Der Herausgeber ist der Meinung, daß die manchmal eigenwillige Rechtschreibung zur Persönlichkeit von Hel Braun gehört. Die Annotationen am Rand, die in einem Inhaltsverzeichnis zusammengefaßt sind, wurden vom Herausgeber angebracht. Das Namenverzeichnis umfaßt 84 Namen.

Herr P. Ullrich hat die Lebensdaten für das Namenverzeichnis zusammengestellt und den Text mit TeX erfaßt und gestaltet. Für seine umfangreiche Unterstützung bei der Organisation und seine unermüdliche Mitarbeit sind ihm Herausgeber und Verlag sehr dankbar.

Tecklenburg, im Oktober 1989   Max Koecher

Inhaltsverzeichnis

Kindheit *1*
Warum Hel? *1*
Warum Mathematik? *2*
Keine Politik! *2*
Vorschlag für die
  Studienstiftung *2*
Prüfung bei Hellinger *2*
Versicherungsmathematik *3*
Der Sanitätsrat *3*
Studienbeginn *4*
Nebenfächer *4*
Vorbesprechung *4*
Die Dozenten *4*
Vorlesung bei Siegel *5*
Vorlesung bei Magnus *6*
Übungen bei Siegel *6*
Göttin der Unterwelt *7*
Testate statt Scheine *7*
Kleidung *8*
Peter *9*
Semesterende *10*
Moselreise *10*
Fleißprüfungen *11*
Betty *11*
Fleißprüfung bei Siegel *11*
Etwas Politik *12*
Gedanken übers Studium *12*
Über Reformen *13*
Vorlesungsangebot *13*
Fräulein Moufang *14*
Max Dehn *14*
Algebra und Gruppentheorie *14*
Hellinger *15*
Siegel *15*

Bruder Robert *15*
Fahrradreisen *15*
Fahrt auf dem Altrhein *16*
Mainfahrt *17*
Winter-Semester 34/35 *18*
Zahlentheorie bei Siegel *18*
Siegels USA-Reise *18*
Bericht über Siegel *19*
Bessel-Hagen *19*
Maria *19*
Egon Schaffeld *19*
Aufenthalt im Sanatorium *20*
Vier Freunde in Göttingen *21*
Bessel-Hagens
  Habilitationsschrift *21*
Siegels Dissertation *21*
Berufung nach Frankfurt *21*
Maler Wucherer *21*
Betty *22*
1933 *22*
Organisationen der NSDAP *22*
Blubobrausi *23*
Vorlesungsboykott *23*
Die Marburger Semester *24*
Im Kameradschaftshaus *24*
Gerda *24*
Zoologie und Botanik *25*
Physik *25*
Mensa *25*
Kurt Reidemeister *26*
Rellich *27*
Mucki und Pinze *27*
Muckis Knechte *28*
Peters Zeitung *29*

Ferien in Frankfurt 29
Siegels Rückkehr 29
Promotionsangebot 29
Prüfungsbestimmungen 30
Zurück in Frankfurt 30
Thema für die Promotion 31
Ferienreise 31
Besuch in Göttingen 32
Vorarbeiten für die Dissertation 33
Nebenfächer 33
Philosophie 34
Morse-Kurs 34
Ein Fehler modulo 2^n 34
Fliegen füttern 35
Besuch bei Siegel 35
Vertrautheit auf Abstand 36
Die Dissertation 37
Fastnacht 38
Mündliches Doktorexamen 38
In Physik 39
In Philosophie 39
In Mathematik 39
Summa cum laude 40
Abend bei Siegel 40
Zu-Stande-Kommen der Note 41
Examen im neunten Semester 41
Veränderungen am Seminar 41
Der praktische Siegel 42
DMV-Tagung 1937 42
Politische Sorgen 43
Wanderungen mit Siegel 43
Ruf nach Göttingen 44
Forschungsstipendium in Göttingen 44
Göttingen 1938 45
Pierre Humbert 45
Hasse 46
Bruch mit Hasse 47
Siegels Wohnung 47
Eigenes Zimmer 48
Eßgewohnheiten 49

Leben in Göttingen 49
Siegel und Mathematik 50
Hilbert 50
80. Geburtstag 51
Einladung mit Hilbert 51
Streit mit Hilbert 51
Emigrierte Kollegen 52
Die Crêpe de Chine-Vorlesung 52
Hilberts Vorlesungen 53
Reformen 53
Hilberts letzte Jahre 54
Siegels und Hilberts Grab 54
Siegels Trauerfeierlichkeit 55
Die Erben 55
Hilberts Tod 55
Die Beerdigung 56
Seminarausflüge 1938/39 56
Einladungen 56
Der Mittwochs-Ausflug 57
Herglotz 57
Wandertage 58
Herglotz' Vorlesungen 58
Über Siegels Arbeit 59
Reise nach Princeton 59
Siegel bei Felix Klein 60
Über Geschichten 60
Riemanns Witwe 60
Große Reise mit Siegel 61
Im Chalet 61
Venedig 62
Rom 63
Rückkehr 63
Kriegsausbruch 63
Peter 63
Reisen 1983 64
Besuch bei Schneiders 64
Mit Siegel am Wolfgangsee 64
Ärger in der Gastwirtschaft 65
Trimester in Göttingen 65
Der Tulpentraum 66
Lebensmittelmarken 66
Siegels Reisevorbereitungen 66

Siegels Abreise 1940 *67*
Änderungen am Institut *67*
Verwaltung der Bibliothek *67*
Ein Drache fürs Büro *68*
Leitung des Instituts *68*
Herglotz *68*
Das Leben im Krieg *69*
Einladung nach Jena *69*
Einladung nach Hamburg *70*
Habilitationsarbeit *70*
Beginn einer Laufbahn *71*
„Rechnen" *71*
Dozentenlager *71*
Habilitationsvortrag *71*

Gentzen *71*
Besuche bei der Fakultät *71*
Der entscheidende
    Nachmittag *72*
Das hübsche Integral *72*
Weihnachten 1940/41 in
    Frankfurt *73*
Wieder in Göttingen *73*
Antrittsvorlesung 1941 *74*
Ernennung zur Dozentin *74*

Namenverzeichnis *75*

Erinnerungen an Hel Braun *77*

Mai 1982

Am 1ten Mai 1933 begann ich an der Universität Frankfurt-Main mit dem Studium. Ich, Hel Braun.

Zunächst ein paar Bemerkungen zur Vorgeschichte. Nach der Geburtsurkunde ist mein voller Name Helene Braun, geboren 3ten Juni 1914 in Frankfurt-Main, Merianstrasse 42. Die Geburtsurkunde sollte man immer griffbereit haben da man ohne Geburtsurkunde nicht die Sterbeurkunde bekommt.   *Kindheit*

Rundum gab es damals sehr viele Helenen. Meine Patentante Helene lebte lange in unserem Haushalt. In meiner Schulklasse gab es mindestens drei Helenen. Jede hatte als Rufnamen dazu noch Helenchen, Lenchen, Lene. Aus Verzweiflung über ständige Verwechslungen spezialisierte sich manche Helene auf Leni oder Lena, in Österreich auf Helli. Sehr vornehm war Hella. Aber schliesslich war ich ein Kind, das so manches Mal mit dem Kopf an Briefkästen und Laternenpfähle stiess. Da war Hel ein passender Rufname, He hätte es wohl auch getan.   *Warum Hel?*

Spezialisiert hatte ich mich schon frühzeitig, wenn auch nicht auf Mathematik. Das lag wohl daran, daß meine Mutter in allen gängigen Dingen ausnehmend tüchtig war und ich mit 4 Stiefschwestern gross wurde, die 12–6 Jahre älter waren als ich. Wahrscheinlich hatte ich keine Veranlagung zu einem Nesthäkchen, ausgefallene Interessen waren der zwangsläufige Ausweg. Die Interessen änderten sich mit den Jahren. Meinen pädagogischen Neigungen konnte ich allerdings sehr frühzeitig nachgehen, denn ich hatte einen 1 3/4-Jahre jüngeren Bruder, – Robert, so hiessen alle Männer in meiner nächsten Verwandschaft – den ich mit viel Liebe kujoniert haben soll. Kurzum: das Bild einer Rotznase.

Zwar kam ich schon frühzeitig in die Schule, aber 13 Schuljahre rissen mich herein, sodaß ich erst Ostern 1933 das Abitur gemacht habe. Von Klassen „überspringen" war nie die Rede. Zwar war ich eine gute Schülerin, aber interessiert hat mich der Schulunterricht nie – wahrscheinlich fehlte die „sittliche Reife", was immer Lehrer darunter verstehen. So bald mich etwas interessierte, Physik oder

Mathematik gehörten gelegentlich dazu, habe ich mich auf eigene Faust damit beschäftigt. Schliesslich gibt es ja Bücher.

Warum Mathematik?
Aber wie kommt man als Frauenzimmer zur Mathematik? Noch dazu, wenn einem in der Schulzeit Malen und Geschichte – also eher weibliche Gebiete – näher liegen. Den äusseren Ausschlag hat bei mir gegeben, daß mir erstens der Schulunterricht so leicht gefallen war und 1933 ein politisch entscheidendes Jahr war. Nachdem ich nun mal das Abitur gemacht hatte, wollte ich auch studieren. Bezahlen konnten das meine Eltern nicht, sie konnten mich nur noch ein paar Jahre zuhause ernähren. Viele Studienfächer kamen also von vornherein nicht in Frage weil das Studium zu lange gedauert hätte. Von Medizin hatte ich, im Gegensatz zu vielen meiner Freundinnen, garnicht geträumt, da ich schon auf realistisch gemalten Bildern kein Blut sehen konnte. Und alles andere „Lebensnahe" fiel weg, da man 1933 schon manche Entwicklung voraussehen konnte.

Keine Politik!
Von Politik soll hier garnicht die Rede sein! Nur im Zusammenhang mit persönlichen Dingen. Es ist schon schlimm genug, daß sie jahrelang so drohend nah war. Vielleicht hätte ich mich auch in einer anderen Zeit für die Mathematik entschieden. Zumindesten kann man sagen, daß das Jahr 1933 meinen Entschluss für die Mathematik sehr erleichtert hat.

Vorschlag für die Studienstiftung
So gut war ich aber doch in der Schule in Mathematik und Physik – nicht schlechter als unsere in allen Fächern beste Schülerin – daß der Mathematik-Lehrer mich für die Studienstiftung vorschlug. Andre Lehrer waren nicht so begeistert, eben wegen der sittlichen Reife, er aber war grosszügiger – wenn er auch entsetzt darüber war, daß ich Hauptwörter klein schrieb. Erst in meiner Dissertation habe ich mit diesem Unsinn aufgehört, und es ist mir verdammt schwer gefallen.

Ich schreibe da „Unsinn", was aber nicht so zu verstehen ist, daß ich „Kleinschreiben" für Unsinn halte! Nur wurde ich eben damals erwachsen – und das tat man vor 50 Jahren in jüngerem Alter als heutzutage – und gab langsam alle Jungmädchen-Trotz-Verhalten auf. Warum sollte ich ausgerechnet gegen die Konvention des „Grossschreibens" angehen? Es gab Sinnvolleres zu tun im Alter von 22 Jahren.

Prüfung bei Hellinger
Zur Aufnahme in die Studienstiftung wurde auch damals ein Gutachten eines Professors des betreffenden Fachs eingeholt. Ein halbes Jahr vor Studienbeginn wurde ich daher zu Prof. E. Hellinger bestellt. Das Geld hätte ich gut brauchen können und Hellinger wurde später mein Lieblings-Professor; die Zuneigung war gegenseitig. Aber bei dieser Studienstiftungsprüfung war er nur entsetzt!

Wie und warum er so entsetzt war, habe ich erst viel später verstanden. Ich hatte eine absolut primitive und eigenwillige Vorstellung, Formeln fand ich schön, sie waren richtig. Aber wozu sollte man sie beweisen? Ich hatte ziemlich viele im Kopf, schon weil ich andauernd (für 80 Pfennige) und erfolgreich Nachhilfeunterricht gab. Und dann wollte mir jemand in einer halben Stunde klar machen, daß alles mit Epsilontik bewiesen werden muss!

Anmerkung 15.I.83

Es braucht übrigens durchaus nicht an Hellingers Gutachten gelegen zu haben, daß ich das Stipendium nicht bekam! Zwar hatte ich selbst den Eindruck, die Prüfung sei schlecht verlaufen. Aber er kann etwas Vorteilhaftes geschrieben haben. Ich bekam jetzt einen Brief von der Studienstiftung, in dem gesagt wurde, ich sei in der Stiftung gewesen, ihre Akten jedoch unvollständig. Vielleicht hatte es also ganz andere Gründe, schliesslich war Januar 1933 die „Machtergreifung". Ich kann also auf Grund guter fachlicher Gutachten aufgenommen worden sein, und dann aus politischen Gründen das Stipendium nicht bekommen haben.

Anmerkung 16.11.83

Es war noch ganz anders! Wie ich jetzt erfuhr wurde 1933 die Studienstiftung aufgelöst und erst einige Zeit nach dem Krieg wieder begonnen. Mitteilung hatte ich 1933 nie bekommen, also weder ablehnend noch zustimmend. Es kam nachher auch nicht darauf an, ich konnte das Studium ja finanziell durchstehen.

Immerhin gab es ein mathematisches Kurzstudium, es hiess „Versicherungsmathematik", Mindestdauer 6 Semester. Einen „Gönner", der mir mit den Studiengebühren von ungefähr 200,– Mark pro Semester helfen wollte, gab es auch. Genau: Er wollte garnicht mir helfen, sondern meinen Eltern. Und eigentlich auch nur, weil es zu der Zeit infolge allgemeiner Arbeitslosigkeit für Abiturienten nicht einmal kaufmännische Lehrstellen gab. Ausserdem hat er sich ein wenig für mich verantwortlich gefühlt; schliesslich hatte er mich – als Sanitätsrat – seit der Geburt gekannt. Bis zu seinem Tod habe ich ihm dafür regelmässig berichtet. Es war zwar bald nicht mehr nötig Studiengebühren für mich zu bezahlen; nach dem ersten Semester bekam ich jeweils auf Grund von „Fleisszeugnissen" und dem Steuerbescheid meines Vaters „Gebührenerlass". Das ging sehr einfach, man musste lediglich diese Fleisszeugnisse mit der Note „gut" oder „sehr gut" bestehen. Zwei Stück pro Semester. Unser Sanitätsrat gab mir aber trotzdem bis zum Ende des Studiums „Taschengeld" – bescheiden aber regelmässig.

Versicherungsmathematik

Der Sanitätsrat

27.6.82

Studienbeginn Vor rund 49 Jahren begann also mein erstes Semester an der Universität Frankfurt-Main. Studienfach: Versicherungsmathematik. Vorher hatte ich mich schon umgesehen, zwischen Schule (bis Ostern) und Studienbeginn (jahrzehntelang am ersten Mai) war ja etwas Zeit. Der fachliche Stundenplan erschien mir dürftig, da ich an täglich 6 Schulstunden, Sonnabends 5, gewöhnt war und mir dabei immer noch viel Zeit geblieben war. Nicht nur mir, sondern dem grösseren Teil meiner Schulklasse. Bis zum Abitur waren wir 35 in der Klasse, mit Hausaufgaben wurden wir eingedeckt, aber wenn man fix war, bedeuteten sie kein Problem, da man an „aufpassen" schon in der untersten Klasse gewöhnt wurde. Fernsehen gab es noch nicht, Telefon war noch nicht so üblich, das brachte täglich schon einige Freizeit. Man musste allerdings einiges tun was später weg fiel, zum Beispiel Strümpfe stopfen. Jedenfalls füllte ich
Nebenfächer meinen Universitätsstundenplan auf mit Philosophie-, Literatur-, Kunstgeschichte-Vorlesungen. In Mathematik hatte man die beiden Einführungsvorlesungen mit einstündigen Übungen zu absolvieren. Hinzu kam eine Versicherungsmathematikvorlesung, dreistündig mit Übungen. Schliesslich die Hauptvorlesung über Betriebswirtschaft.

Ich war glücklich über die neu gewonnene Freiheit und bedauerte meine Klassenkameradinnen, die mit Medizin begannen, wo es damals schon sehr feste Pläne gab. Natürlich sah ich ein, daß das in der Medizin nötig war. Aber bei uns musste man sich doch umschauen können. Jede Art von „Motivierung" kommt damit von selbst.

Wichtig war für Anfänger an einer Veranstaltung teilzunehmen,
Vorbesprechung die am ersten Semestertag einstündig stattfand und Vorbesprechung hiess. Es gab einen Anschlag am schwarzen Brett auf dem das stand. Ältere Semester konnten auch teilnehmen. Wir sassen also, etwa 100 Studenten, mehr männlichen als weiblichen Geschlechts, im Hörsaal. Pünktlich kamen die Mathematiker herein, die in der nächsten Zeit unser fachliches Leben bestimmen sollten. Epstein (Epsteinsche ζ-Funktion) war, so viel ich mich erinnere, nicht dabei; er war damals kurz vor der Altersgrenze. Aber die übrigen Mitglieder des Frankfurter Mathematischen Seminars waren alle vorhanden und setzten sich in die erste Reihe des alten, gemütlichen Hörsaals. Nur Hellinger ging gleich aufs Podium, ihn kannte
Die Dozenten ich bereits. In der ersten Reihe sassen also: Max Dehn, damals gegen 60 Jahre alt, Ordinarius, C.L. Siegel, damals 36 Jahre alt, Ordinarius, Ruth Moufang und Wilhelm Magnus, Privatdozenten,

unter 30 Jahre alt. Dazu kam noch „der" Assistent, damals Dr. Boehle. Es machte mir grossen Eindruck, daß Siegel und Moufang nebeneinander sassen, abwechselnd an einer Rose rochen und sich immer mal unterhielten.

Was Hellinger sagte, war mir natürlich ganz neu. Es war genau das, was an vielen Orten einmal im Jahr, zu Beginn des Sommersemesters in 45 Minuten gesagt wurde. Einiges davon wird heutzutage jedem einzelnen Studenten, beispielsweise in der Studienberatung, ständig gesagt. Anderes würde auf so grossen Widerstand stossen, daß nur ganz mutige Mathematiker es noch zu sagen wagen – jedenfalls zur Zeit an deutschen Universitäten. Zum Beispiel, daß man selbst studiert und nicht studiert wird. Hellinger sagte also schlicht und einfach, man müsse zu Hause die Vorlesung durcharbeiten, selbstverständlich alleine, und so viele Aufgaben lösen wie man könne, selbstverständlich alleine. Natürlich sollten Freunde mit einander über den gebotenen Stoff diskutieren. „Scheine" gab es damals bei uns noch nicht, sie sind auch wirklich unnötig in dem Sinn, daß man ja ein Studienbuch hat und es viel praktischer ist darin die Übungen testiert zu bekommen. Die Übungen wurden testiert (jedenfalls die Anfängerübungen) wenn der Dozent den Eindruck gewonnen hatte, daß man die höheren Vorlesungen verstehen könne. Wenn nicht, war es das Vernünftigste zu wiederholen. Heutzutage sind die Studenten in einer viel schlechteren Lage als wir es waren; Freiheit und Reglementierung war bei unserem Studium so ausgewogen, daß man nichts davon merkte.

Mein erstes Semester wurde dann aufregend und lustig. Aufregend im Sinn von unvorhergesehen.

Siegel hat später öfter unterschieden zwischen „wie es wirklich war" und „wie es sich zufällig ereignet hat". Jedenfalls fand die Diff. + Int. Rechnung von Siegel Mo, Di, Do, Fr einstündig, früh statt und die Analytische Geometrie von Magnus jeweils anschliessend. Wir waren anfangs gegen 50 Hörer, später so 35, es ging nicht kumpelig zu, jeder zeigte wie erwachsen er war. In späteren Semestern wurde man wieder jugendlicher. Hilfsbereit war man mit Maaßen. Es bildeten sich Freundschaften, im übrigen duzte man sich nicht. Im Hörsaal sah es fast so aus wie 50 Jahre später, nur waren wir wohl etwas reinlicher gekleidet – und Bart war damals nicht in Mode. Natürlich dachte man, es ginge ungefähr so weiter wie im Mathematik-Unterricht in der Schule (wir hatten in der Schule alle ungefähr das Gleiche gelernt, nur die Mädchen etwas weniger; nämlich in 4 Wochenstunden während die Jünglinge 5 aufweisen konnten). Ich brachte also ein Strickzeug mit, kam aber garnicht dazu es auszupacken. Siegel legte nämlich gleich los. Er

Vorlesung bei Siegel

sprach rasch und leise, sagte alles nur einmal und schrieb rasch, klein, aber gut lesbar an. So etwas war mir noch nie begegnet! Er schaute uns auch garnicht an, nur seine Formeln. Natürlich erschien er mir reichlich alt, kahl und dick, aber ich schwärmte sofort für ihn. Den übrigen weiblichen ersten Semestern gefiel seine Art weniger als mir. Aber mir hat es unheimlich imponiert hier in einer Stunde mehr Mathematik beigebracht zu bekommen als in einem Vierteljahr in der Schule. Ohne es zu wissen fing ich also sofort an mich für die Differentialrechnung zu begeistern.

Vorlesung bei Magnus Die Vorlesung von Magnus war ein echtes Kontrastprogramm zur derjenigen von Siegel! Es war Magnus' erste Anfängervorlesung. Er war so lieb und schüchtern und kam manchmal ins Stottern. Ein richtiger junger Mann im Vergleich zu dem garnicht so viel älteren Siegel. Ob ich mich nicht in ihn verliebt habe weil ich seit Jahren einen ähnlich liebenswerten Jugendfreund hatte oder weil mir die Vorlesung nicht gefiel? Bei Siegel gab es Formeln, Formeln – ohne Blick auf die Zuhörer, ohne Lächeln. Aber Magnus wollte uns etwas beibringen. Man fing damals zwar nicht mit Vektorräumen an sondern mit ebener, dann räumlicher Geometrie. Langsam aber sicher erkämpften sich jedoch die Gleichungssysteme und Determinanten Vorrang. Ich erinnere mich an mein totales Desinteresse, insbesondere an Permutationen, die sehr ausführlich behandelt wurden. Die Aufgaben konnte ich leicht machen, Ideen brauchte man garkeine. Ich sass auf meinem Lieblingsplatz, zweite Reihe am Fenster, und schaute viel auf die Strasse. In den Hörsälen hat sich in 50 Jahren viel weniger verändert (auch was das darin statt findende Leben betrifft) als auf der Strasse. Damals waren Gärten gegenüber und die Leute, die entlang gingen, konnten einen amüsieren. Heute stehen da grosse Häuser, ein Auto fährt hinter dem anderen. Die Studenten haben es heute entschieden schwerer.

Übungen bei Siegel Genau so gemütlich wie die Vorlesung empfand ich die einstündigen Übungen bei Magnus, aber sie haben bei mir nur eine schwache Erinnerung hinterlassen. Anders die Siegelschen, ebenfalls einstündigen Übungen! Die Einleitung, die Siegel selbst gab war kurz, der Assistent – der einzige am Seminar – sass in der ersten Reihe. Er gab eine Liste herum, während Siegel sagte man solle seinen Namen aber nicht seine Unterschrift auf die Liste schreiben und dazu die Koordinaten des Platzes. So kam ich zu B 10, für die beiden ersten Semester. Die korrigierten Hefte lagen zu Beginn der Stunde auf dem Platz. Man konnte, meist mit Entsetzen, feststellen unter welcher Aufgabe ein „f" für falsch stand, während Siegel die neuen Aufgaben an die Tafel schrieb. Dann wurde einer aufgerufen, der eine richtige Lösung vortrug. Möglichst jeder kam einmal während des Semesters dran. – Mit diesen Aufgaben begannen für mich zwar keine schlaflosen Nächte, aber ich hatte sie immer im Kopf. Sieben Aufgaben wurden gestellt, drei waren mit Fleiss zu erledigen, zu den anderen vier musste man kleine Einfälle haben. Eine oder zwei rechnete Siegel, im Affentempo selbst vor, weil keiner sie rausgekriegt hatte. Also ein reines Vergnügen, jedenfalls für mich. Ein richtiger Sport, wobei man seinen Ehrgeiz trainieren konnte, mit Maaßen.

Es war mir nicht bewusst, daß B 10 schon in den ersten 14 Tagen auffiel. Nicht nur B 10 sondern ebenso Hildegard Remy, die ältere Schwester von Magnus' späterer Frau. Siegel sagte nach 14 Tagen zu den Kollegen: „Ich habe da zwei Mädchen, die meine Aufgaben rauskriegen." Dann fügte er noch hinzu: „Aber eine ist ja auch die Göttin der Unterwelt." Es hat 5 Jahre gedauert bis mir das erzählt wurde. Damals ahnten wir nicht, daß überhaupt jemand von uns Notiz nahm. Es war uns auch lieber so. Wenn ich geahnt hätte, daß Siegel zu seinem Assistenten mal sagte: „Schauen Sie, da ist die Göttin der Unterwelt, sie sitzt wie ein Affe auf ihrem Fahrrad" – trotz aller Burschikosität wäre ich ständig rot geworden. Mit dieser „Göttin der Unterwelt" hatte es folgende Bewandnis: Auf der Teilnehmerliste der Übungen sollten auch die Vornamen stehen, ich schrieb also „Hel". Siegel sagte später, er habe ein Namensverzeichnis durchgesehen um festzustellen ob B 10 einen Vornamen habe. Hatte nicht. Aber im Lexikon stünde, daß es sich um die Göttin der Unterwelt handele. Das war um so interessanter, als ich 5 der ersten 7 Aufgaben gelöst hatte; eine bekam ein „r", die übrigen ein „f". Ich war nämlich nicht daran gewöhnt etwas richtig aufzuschreiben. Nun, ich habe ganz rasch gelernt etwas richtig aufzuschreiben, nachdem ich es richtig gedacht hatte. Zwar sah ich es nicht ein, dachte aber auch nicht darüber nach sondern empfand es als Sport, sagen wir Hürdenlaufen. Herrn Siegel, der bereits in der Schule ein Musterknabe war, muss diese Geisteshaltung eines jungen Mädchens merkwürdig vorgekommen sein. Junge Mädchen lagen ihm ohnehin fern, seine Freundinnen waren stets älter als er, meist mehrere Jahre. – Darüber daß ich Subjektive klein schrieb, wird er sich wohl auch gewundert haben. Er sah die Übungen gemeinsam mit dem Assistenten durch. Er gab nur „r", „$\frac{r}{2}$", „f" und kein Kommentar. Man hat das auch nicht so wichtig genommen, es ging ja nicht jedesmal „um die Wurst".

Fast mein ganzes Leben als Hochschullehrer konnte ich an der vernünftigen Regelung festhalten Testate, später „Scheine", so zu vergeben, daß sie ein Zeichen dafür waren, daß der Student das Pensum erfolgreich absolviert hatte. Noten gab es nicht. Ein Ein-

Göttin der Unterwelt

Testate statt Scheine

schnitt bei den Leistungen dort, wo die Nachzügler beginnen, lässt sich aber ganz gut feststellen. Auch noch wenn man 500 Studenten hat – in welchem Fall dann allerdings mehr Arbeit für den geplagten Dozenten entsteht. Jedenfalls hatte ich so ein Studium ohne unnützen Aufwand, und viele Berufsjahre in denen die wesentlichen Dinge auch die wichtigsten waren. Daß ich hier überhaupt über „Scheine" ins Schreiben komme, liegt sicher nur daran, daß sie im Lauf der Jahre immer mehr in den Vordergrund gerückt wurden. Weder Siegel noch Magnus haben ein Wort über Testate gesagt, es herrschte eben ein Vertrauensverhältnis.

Wahrscheinlich hätte mir auch die Analysis-Vorlesung nur wenig gefallen, wenn sie gleich abstrakt begonnen hätte. Aber der Begriff des Körpers kam erst im zweiten Semester. Bis dahin war man bereits an die Geschwindigkeit gewöhnt, sodaß also Folgen und Reihen nicht so breitgetreten werden mussten wie heutzutage, wo man damit beginnt. Man war damals wohl allgemein davon überzeugt, daß der junge Mensch eben einmal selbst schwimmen muss, und daß ein passender Anlass hierzu der Studienbeginn ist.

Von den übrigen Vorlesungen meines ersten Semesters weiss ich fast garnichts mehr. Es gab einen Versicherungsmathematiker, der einer Versicherung angehörte und auch habilitiert war. Wir waren nur wenige Studenten, meist höhere Semester, denen er alles praktische und theoretische über Lebensversicherung nahe brachte mit Aufgaben. Die Aufgaben waren einfacher als in den Anfängervorlesungen. Betriebswirtschaft schien mir nicht gerade interessant – heute wäre das vielleicht anders. Aber damals sah ich eben nur in den mathematischen Vorlesungen Stoff, der einen zum Nachdenken brachte. Alles andere, schien mir, konnte man ohne weiteres verstehen – und dann im Gedächtnis behalten oder vergessen. Physik begann ich erst später.

Kleidung   Ich sollte vielleicht noch ein paar Worte über die Kleidung sagen, damit man sich eine damalige Vorlesung besser vorstellen kann. Jeans gab es noch nicht, auch keine Cordhosen. Studenten trugen gelegentlich Shorts, meist aber waren sie im Sommer mit langer Hose und Sporthemd bekleidet. Pullover und Strickjacken gab es. Im Winter trugen sie Sportjacke oder auch Strassenanzug. Auch die Mädels sahen erwachsener aus als heutzutage Studentinnen. Schon weil weibliche Wesen nicht in Hosen gingen. Kleid oder Rock. Bis kurz unters Knie, wenn es mal Mode war auch etwas länger. Man sah addrett und damenhaft aus. Allerdings im Sommer mit Söckchen. Haare wurden nicht Schulterlang oder noch länger getragen. Wollte man sie nicht abschneiden, machte man einen Knoten. Ansonsten Bubikopf oder Pagenkopf. Es war also eine meiner Vorbereitungen zum Studium mir einen Bubikopf schneiden zu lassen, da ich vorher lange Schillerlocken trug und die Haare mir zu schwer waren für einen Knoten. Erübrigt sich zu sagen, daß ich diesen Bubikopf auch jetzt noch habe. – Natürlich waren die jungen Männer glatt rasiert, Bärte gab es erst im Krieg, und dann Schnurrbärte, aus Frankreich importiert. Haarschnitt kurz, meist mit Seitenscheitel. Natürlich keine Dauerwellen, diese kamen erst auf. Und wie waren unsere Professoren angezogen? Ich habe nur einen einzigen noch erlebt, der Stehkragen und Schwalbenschwanz (langer schwarzer Rock, so was wie Frack) trug. Es war in Marburg. Aber nicht in Frankfurt. Siegel und Magnus trugen wie üblich Strassenanzug, Siegel mit Weste und goldener Uhr – und Fliege. Magnus trug keine Weste, eine Armbanduhr und Selbstbinder. Aber was machte man, wenn es wirklich heiss wurde? Siegel hatte schon viele Reisen nach dem Süden hinter sich, also besass er einen gelblichen Rohseidenanzug. Der war ziemlich auffallend, besonders mit auffallenden Schuhen und grellroter Fliege. Man muss auch bedenken, daß er gross und korpulent war. Damals war 1,85 schon gross, und zwei Zentner brachte er auch stets auf die Waage. Magnus, als schlanker Jüngling, dem die Hosen, so wie sie damals geschneidert waren, leicht zu rutschen begannen, wollte nicht schwitzend an der Tafel stehen, sondern hemdsärmelig. Zum Glück gab es „unsichtbare" Hosenträger, die wurden durch Löcher unter das Hemd geschoben. Was die Kleidung vortragender Mathematiker betrifft, hatte ich also bereits in meinem ersten Semester einiges erlebt. Spätere Erfahrungen konnten mich also nicht mehr erschüttern. Leider konnte ich aber auch nicht mehr so herzlich darüber lachen wie in diesem ersten Semester.

Juli 82

So sehr die Mathematik zu Beginn meines Studiums für mich eine Erleuchtung bedeutete, so sehr war vieles Andre eine Enttäuschung. Später habe ich dann die richtigen Gebiete und Leute ausserhalb der Mathematik für mich aussuchen können. Aber zunächst hatte ich ganz falsche Vorstellungen davon, was mich interessiert. Da gab es haufenweise Vorlesungen mit imposanten Ankündigungen, besonders in der Kunst- und Literaturgeschichte. Ich habe immer teilgenommen und bis zur letzten Stunde zugehört, aber es bot sich mir gar kein Ansatzpunkt für Abenteuer. Häufig begleitete mich mein Freund Peter. Wir waren bereits in meiner Schulzeit befreundet und dann auch noch zu Beginn des Krieges. Er ist 4 Jahre älter als ich, Journalist. Im letzten Schuljahr war er abgesprungen, wegen Mathematik. Er kam sofort bei einer Zeitung unter,

Peter

er konnte einfach schreiben. Es war eine Morgenzeitung, was also Nachtarbeit bedeutet. Und da er abends fast immer in ein Konzert, eine Theaterpremiere, einen neuen Film usw. gehen und darüber schreiben musste – und dazu stets zwei Karten bekam – gingen wir abends fast immer aus. Nur selten konnte er sich Ruhe gönnen, jedenfalls abends. Zu Nachmittagsvorlesungen über Literatur begleitete er mich häufig, wodurch diese jedoch nicht interessanter wurden. Da er sehr grosszügig ist, störte es ihn nicht, daß ich Mathematik-Vorlesungen hörte während er schlief. Und über die Aufgaben konnte ich auch nachdenken, wenn wir zusammen im Kino sassen oder durch die Stadt bummelten. Allerdings musste im Kino stets einer von uns aufpassen, Peter musste ja anschliessend darüber schreiben.

Semesterende   Ein Sommersemester geht stets rasch vorbei. So auch mein erstes. Peter hatte kurze Ferien, 3 Wochen, davon zwei noch während der Vorlesungszeit. Er fuhr alleine nach Trier und berichtete jeden Tag, wie sich das für einen Journalisten gehört. Ich dachte über die letzten noch gestellten Aufgaben nach. Dann kam der 31. Juli, die Putzfrauen hatten in den Hörsälen schon das Regiment ergriffen. Aber Siegel kam trotzdem noch und trug eigenhändig einen Putzeimer vor die Tür, ehe er noch mal vortrug. Nachher, unterwegs setzte ich mich traurig auf eine Bank im Park. Bis November erschien mir eine unendliche Zeit. Warum so lange keine Aufgaben? Typisch junges Mädchen.

So lange man jung ist, ist immer etwas im Gang. Von Peter kam ein Brief, daß zwar kein überflüssiges Geld in seiner Tasche sei, er aber die letzten Ferientage gern mit mir verbringen würde. Wie wäre das? Er käme mir ein Stück entgegen und warte den ersten August auf der Moselbrücke von Cochem. Es war 31. Juli und ich sagte meinen Eltern, daß ich für ein paar Tage mit einer Freundin verabredet wäre. Damals war diese Formulierung üblich. Meine 4 älteren Schwestern hatten sie auch stets verwendet. Mein Geld war knapp, an eine Bahnfahrkarte war nicht zu denken. Also setzte *Moselreise*   ich mich brav am ersten August, sehr früh aufs Fahrrad, Richtung Mosel. Als ich nach Mainz kam, erwachte das Leben. Auf der Rheinbrücke fuhr der Sprengwagen. Auf den Strassenbahnschienen rutschte ich aus. Das Gepäck und ich lagen also auf den Schienen, das verbogene Fahrrad daneben. Wenn man 19 ist, nimmt man dergleichen nicht ernst. Das Fahrrad verbiegt man wieder so, daß es fährt. Heftpflaster für Knie hat man parat. Es geht also bald weiter. Peter war Spätaufsteher, also wartete er sicher noch nicht auf der Brücke in Cochem. Ausserdem konnte sich ein jugendlicher Journalist einen Tag lang ganz gut auf einer alten Moselbrücke die Zeit vertreiben. – Es wurde eine lustige kleine Reise, mit viel Volkskunst und Landschaft. Zu zweit mit einem einzigen Fahrrad. Man schob es mit Gepäck, oder einer fuhr voraus. Immer an der Mosel lang bis Bernkastel. Dann fuhr Peter mit der Bahn zurück, und ich mit dem Fahrrad durch den Hunsrück. Bald sass ich wieder über meinen Büchern und den Aufzeichnungen des Sommersemesters. Zur Vorbereitung auf „Fleissprüfungen". Man konnte damals zwar nicht den Lebensunterhalt aber „Gebührenerlass" bekommen, wenn man im betreffenden Semester zwei Fleissprüfungen mindestens mit der Note „gut" bestand. Vor wenigen Jahren wurde das abgeschafft. Gebühren gab es keine mehr, Lebensunterhalt wird für Studenten bezahlt, wenn die Eltern ihn nicht bezahlen können. Prüfungen braucht man dafür nicht zu machen, schliesslich besteht die Theorie der Chancengleichheit. Wegen Undurchführbarkeit, d.h. fehlenden Mitteln, wird das langsam wieder geändert.

Fleißprüfungen

Gelegentlich ging ich während der Ferien in das Mathematische Seminar, in die kleine Bibliothek. Ich weiss garnicht, wen man dort in diesem Jahr in den Ferien traf. Ich war auch viel zu schüchtern um mit jemandem zu reden. Siegel jedenfalls war nie in den Ferien im Seminar. Er verreiste sehr viel, machte auch in den kurzen Ferien weite Reisen mit seiner schwedischen Freundin Betty. Einen Monat der Herbstferien verbrachte er in Berlin bei seinen Eltern. Dort arbeitete er intensiv – damals gerade an der Analytischen Theorie der Quadratischen Formen. Damals wusste ich das natürlich nicht, es hat mich auch nicht interessiert.

Betty

1. August

Fleissig war ich schon während der Ferien! In den ersten Tagen des Wintersemesters hatte ich ja Fleissprüfungen zu machen. Insgesamt waren es am Ende, in sieben Semestern zusammen 14 Prüfungen und an die beiden ersten erinnere ich mich nicht besser als an die folgenden. Jedenfalls kamen zunächst Magnus und Siegel in Frage. Vor Magnus hatte überhaupt während meiner Studienzeit nur eines von uns Mädels Angst – seine spätere Frau. Um Siegel machten wir alle so weit das ging einen grossen Bogen, aber unser Jahrgang hatte nun mal bei ihm die Analysis. Natürlich hatte ich alle Formeln, die er in Windeseile angeschrieben hatte, auswendig gelernt. Ich weiss nicht mehr ob es sich in meiner ersten oder zweiten Fleissprüfung bei ihm ereignete, daß er keine Lust hatte sich das anzuhören und sehr bald sagte: „Das genügt". Aber ich gab meiner Enttäuschung Ausdruck, denn ich hätte so viel für diese Prüfung gelernt. Grinsend sagte er: „Dann sagen Sie mir halt noch die Simpsonsche Regel". Damals wusste ich sie, inzwischen habe

Fleißprüfung bei Siegel

ich sie vergessen. Für Siegel muss das schon eine sehr persönliche Begegnung gewesen sein. Später sagte er, daß ihm alles, was ich so selbstverständlich vorbrachte, ungewöhnlich erschien. Später ist es mir mit Studenten auch häufig so ergangen. Man hat eben nur ein begrenztes Einfühlungsvermögen.

Nachdem ich „Gebührenerlass" bekommen hatte – für ein Semester – nahm ich an, bei entsprechendem Fleiss auch weiterhin keine Studiengebühren bezahlen zu müssen. Also eilte es nicht so mit dem Abschluss. Vom dritten Semester an liess ich die Betriebswirtschaft sein und begann mit Physik. Ziel jetzt „Höheres Lehramt", was die Äusserlichkeiten betraf. An den späteren Beruf dachte ich nicht, aber es musste ja alles seine Ordnung haben. Man brauchte drei Schulfächer, deshalb nahm ich noch Sport hinzu. Aber bald hatte ich eine Sportverletzung (einen eingerissenen Meniskus) und fing dann mit Zoologie und Botanik im fünften Semester an.

Nicht nur das Studium wurde turbulent. Meine Mutter musste für 3/4-Jahre ins Krankenhaus, in dieser Zeit waren mein Vater und mein Bruder zumindesten von mir mit Nahrung zu versorgen. Ich weiss nicht wie oft mein Vater abends nochmal im Lokal etwas gegessen hat, erzählt hat er davon nie. Und Peters Zeitung fing an einzugehen, aus politischen Gründen. Ich selbst hatte im vierten Semester politische Schwierigkeiten an der Universität, obwohl die Schwierigkeiten damals erst anfingen.

Etwas Politik   Hier möchte ich möglichst wenig über die damaligen politischen Verhältnisse aufschreiben, obwohl sie unser Leben sehr ungünstig beeinflussten. Viele meiner persönlichen Entscheidungen hingen allerdings eng damit zusammen, daß ich seit 1933 inständig auf das Ende des Dritten Reiches wartete. 1933 war der Universitätsbetrieb in Frankfurt noch ungefähr so wie vorher. Gravierend war nur schon, daß jüdische Studenten nicht mehr studieren durften. Einige Professoren verliessen das Land, aber Dehn und Hellinger waren noch im Amt. Es wurde zwar immer deprimierender, aber ganz massiv wurde es erst 1938.

Gedanken übers Studium   An das eigentliche Studium hingegen denke ich gern zurück. Irgendwie war es in allen meinen Studienfächern amüsanter als heutzutage. Allerdings weiss ich nicht, ob sich im Physik-Praktikum viel verändert hat. Bei uns gab es „kleines Praktikum" und „grosses Praktikum". Und da gab es auch damals schon Punkte und Scheine. Vielleicht ist auch das Zoologie-Praktikum so geblieben wie es damals war. Allerdings hat es mir wenig Kopfzerbrechen gemacht, wenn meine Einzeller immer im Löschpapier landeten. Die Praktika waren natürlich viel kleiner als jetzt, was die Studentenzahlen betrifft. Vor 1930 gab es sehr viele Studenten, also grosse Vorlesungen, 1930 jedoch gingen die Studentenzahlen langsam zurück. Und wie ich schon sagte, hatten wir 1933 nur gegen 50 Anfänger in Frankfurt in Mathematik. Die Experimentalphysik-Vorlesung war natürlich sehr besucht – von Medizinern.

Das Mathematik-Studium war unproblematisch wenn man begabt und fleissig war. Man redet heute so viel von den Schwierigkeiten und daß in allen Fächern Reform dringend nötig sei. Tatsächlich hat es, ohne daß viel darüber geredet wurde für das Mathematik-Studium eine grosse Änderung gegeben. Aber nicht nach 1960, sondern davor. In den letzten Jahren kann man nur von äusserer Reform reden. Davor aber, und das ging wohl viel auf die Algebraiker zurück, wurde das Mathematik-Studium, sagen wir mal „logischer". Man lernte Methoden und alles wurde zu einer Theorie. Die Professoren fingen an Vorlesungen so zu halten, daß Verstand genügte um zu folgen und die spezielle Begabung nicht mehr ganz so wichtig war. Vielleicht ist das übertrieben formuliert und überspitzt, aber ich habe diesen Eindruck wenn ich damalige Vorlesungen mit späteren vergleiche. Teilweise handelte es sich auch um Formalität, nämlich die Schreibweise der Mengenlehre. Das hat grosse Uniformität gebracht, die dann noch durch den Gebrauch von Taschenbüchern verstärkt wurde. Zu meiner Studienzeit gab es nur wenige Lehrbücher, viele waren teuer und man benutzte sie nur in der Bibliothek um etwas nachzuschlagen.

Über Reformen

In Frankfurt konnten nur wenig Mathematik-Vorlesungen angeboten werden. Aber die angebotenen waren kontrastreich und in der Methode vielfältig. Das galt auch für die Seminare. Jedes Semester fand ein Proseminar und ein Oberseminar statt, mal voll, mal leer, je nachdem wie viele gerade Seminare „brauchten". Man „brauchte" zwei Proseminare und zwei Oberseminare, die man in den 10–12 Semestern bis zum Staatsexamen absolvieren musste. Das Mathematik-„Diplom" wurde erst während des Krieges eingeführt. In Frankfurt hatte es sich als vernünftig erwiesen sowohl für das Proseminar als auch für das Seminar ein Aufnahme-Prüfung zu veranstalten. Nicht für jedes einzelne Seminar, sondern pauschal. Es hiess einfach, wer an Seminaren teilnehmen wollte, solle dann und dort sich einfinden. Man wusste von den Übungen her, wen man brauchen konnte, es wurden also nur formal ein paar Fragen gestellt. Denen, die man noch nicht für geeignet hielt, wurde empfohlen sich im nächsten Semester nochmal zu bewerben. Es ging ganz reibungslos, und ungeeignete Studenten konnte man frühzeitig zu einem Fachwechsel überreden. Ich selbst kam glücklicherweise zum dritten Semester ins Proseminar und zum fünften ins Oberseminar.

Vorlesungsangebot

13

Meist wurden zwei oder drei Vorlesungen für mittlere und höhere Semester angeboten, zweiteilig waren nur die Differentialgleichungen, gewöhnliche und partielle. Diese Differentialgleichungen hörte ich bei Fräulein Moufang – die es sehr bedauerte ein Fräulein zu sein. Die Bezeichnung „Frau" hätte da auch nichts genutzt. Meine zwei Fleisszeugnisse bei ihr waren insofern angenehm als ich viele Formeln aufsagen konnte, unangenehm jedoch weil sie sich so nah neben einen setzte. Damals wusste ich noch nicht, wie schwerhörig sie war. Es wurde als Geheimnis behandelt. Sie hatte eine sehr schöne Altstimme, korpulent war sie auch ein wenig und wäre gern Opernsängerin geworden. Aber die Schwerhörigkeit hatte sie daran gehindert. Ich erinnere mich an ein längeres Gespräch mit ihr – heute würde man sagen „über die Diskriminierung der Frau". Mich hat das nie auf die Barrikaden getrieben, irgendwie habe ich wohl gar keinen Kampfgeist. Aber Frl. Moufang war 9 Jahre älter als ich und dieses Naziverhalten „Kinder und Küche" versperrte ihr die Möglichkeit der Habilitation. Sie ging notgedrungen, sehr unglücklich in die Industrie, stand dort ihren Mann und kam erst nach dem Krieg zurück an die Frankfurter Universität. Ich selbst hatte es in dieser Beziehung besser, im Krieg brauchte man die Frauen für Männerberufe und ich konnte mich 1940/41 habilitieren.

Bei Max Dehn habe ich nur zwei Vorlesungen gehört, Algebra und Gruppentheorie. Während z.B. die Differentialgleichungen damals kaum anders gelesen wurden als heutzutage, war das mit Algebra ganz anders. Die Algebra-Vorlesung war garnicht abstrakt, aber mit dem durchzogen, was man heute algebraische Geometrie nennt. Und Gruppentheorie verlief ganz anders, was vielleicht auch an Dehn lag. Man bekam ganz persönliche Beziehungen, etwa zu Relationen und Erzeugenden. So bald es ein ganz klein wenig kompliziert wurde, z.B. bei einer Gruppentafel, meinte Dehn, er müsse das in seinem Notizbuch nachsehen. Man sah schon von aussen, daß in diesem Notizbuch unendlich viel stand – aber was Dehn suchte, fand er darin nicht. In solchen Momenten wird es ihn ganz schön irritiert haben, daß mehr Mädchen als Jünglinge im Hörsaal sassen. Nach 1933 nahm – das war mein Eindruck in Frankfurt – die Anzahl der Mathematik-Studenten ab, übrig blieben die Mädchen. An der Gruppentheorie nahmen sogar zwei Nonnen teil, mit denen wir übrigen kaum Kontakt hatten. Ihre Familienbande mit dem Kloster waren wohl noch enger als unsere Beziehungen zur Familie. Die beiden sassen in der letzten Bank, ich immer vorn, schon wegen meiner Kurzsichtigkeit. Übungen gab es zur Gruppentheorie nicht, wohl aber zur Algebra. Diese hatten eine ganz eigene, persönliche Note. Die Aufgaben wurden nur andeutungsweise (oder auch falsch) gestellt, es wurde erwartet, daß man der Aufgabe erst mal einen Sinn gab, und sie dann erst löste. Langeweile konnte da nicht aufkommen.

Hellinger hielt zu der Zeit leider nur Vorlesungen die für mich nicht in Frage kamen. Durch die Physik, die ich ein bischen rascher machte als üblich, hatte ich auch wenig freie Zeit für Vorlesungen, jedenfalls vormittags. Also blieb es bei Hellinger bei einem Proseminar und einem Seminar. *Hellinger*

Im dritten Semester hörte ich bei Siegel das, was angeboten wurde, nämlich „Grundlagen der Geometrie". Das lag ihm nicht sehr nahe, aber er war ungeheuer rasch sich etwas anzueignen. Und damals war nicht nur die Axiomatik sondern auch die Einführung von Koordinaten spannend. Das war eine sehr „moderne" Vorlesung. Aber leider auch nur vor ganz wenig Hörern. Sie fand in dem alten Mathematischen Seminar statt, in dem einzigen Hörsaal mit vielleicht 16 Plätzen. Man war einander recht nah und Siegel drehte sich gelegentlich irritiert um weil einer nicht still sass oder zu laut mit der Feder kratzte. *Siegel*

Man denkt doch sehr wehmütig an diese alten Seminargebäude zurück! Auch wenn es sich um eine ehemalige Villa handelte, deren zwei grössten Zimmer zur Bibliothek wurden. Arbeiten konnte man darin ebenso gut wie in den grossen späteren Prachtbauten. Ecken, in denen Studenten sitzen konnten, gab es in diesen alten Seminaren auch.

September 82

Mein Bruder Robert hatte im Frühjahr 1934 das Abitur gemacht, studieren durfte er allerdings nicht weil wir als „politisch unzuverlässig" galten und „Sippenhaftung" nicht immer, aber häufig angewandt wurde. Er bekam jedoch eine Zulassung für das Lehrerseminar in Weilburg. Unsere finanzielle Lage wurde dadurch schwieriger, aber mit meinem Taschengeld vom Sanitätsrat und Roberts Einnahmen aus Nachhilfeunterricht ging es weiter. Unsere Mutter war noch krank bis zum Frühjahr 1935, aber irgendwie funktionierte der Haushalt doch. Jeder verreiste mal für einige Tage ohne grosse Kosten zu verursachen. Vater hatte zwar seine öffentlichen, finanziell ohnehin nichts einbringenden Ämter niedergelegt, fuhr aber wenigstens in den Ferien zu Besuch zu meinen älteren Schwestern. Peter hatte nur wenig frei von seiner Zeitung. Aber unsere Fahrradreisen, auch wenn sie nur kurz waren, waren vergnüglich und ereignisreich. Sagen wir zum Beispiel: Ein Abend im Kurhaus von Bad Soden, über den Peter für die Zeitung berichten musste. *Bruder Robert*

Fahrradreisen

Ein Sonnabend, mit einem darauf folgenden freien Sonntag. Die Fahrräder wurden bepackt mit Wolldecke und Abendgarderobe, schwarzer Anzug für ihn, langes selbstgeschneidertes Abendkleid für mich. Kein Geld für Abendessen, aber belegte Brote. Kurz vor Bad Soden haben wir uns an einem Bach gewaschen und umgezogen und die Fahrräder im Gebüsch gelassen – worin wir Übung hatten. Dann kam der festliche Teil mit langweiligen Vorführungen – so wie jetzt häufig im Fernsehen, Bezeichnung: Unterhaltungssendung; und wir hatten damals schon unendlich viele davon hinter uns gebracht (Schon vor 50 Jahren gab es ja „oben ohne"-Revues, und die Damen hielten ihre Arme krampfhaft nach hinten, genau wie heutzutage). Anschliessend war Tanzerei, was wir sehr mochten und ausdehnten bis die Kapelle ihre Instrumente einpackte und der Saal geschlossen wurde. Schliesslich gab es anschliessend nichts anderes als sich in die Wolldecke packen und den Morgen erwarten. Nachts gab es noch Besuch von einem Igel. So um die Frühstückszeit war ich mit bestem Appetit wieder zuhause.

Im Main-Rheintal kommen so um Pfingsten die ersten heissen Sommertage, nachts ist es aber noch kühl. Für mich bedeutete daher Pfingsten Sonnenbrand. Ich bin ja ein Weisskohl, mit dünnster Haut. Diese wird dann rot, es gibt Blasen, manchmal Fieber. Oel oder Fett hilft nichts, nur Puder. Und wenn sich die Haut geschält hatte, war ich so weiss wie vorher. Im Lauf des Sommers gewöhnte ich mich allerdings an die Sonne und meine Haut nahm eine hübsche Farbe an, hell aber nicht mehr weiss. So war das auch 1934. Viel Zeit hatten wir nicht, aber das Angebot eines von Peters Freunden war zu verlockend: Boot fahren auf dem Altrhein. Wir konnten uns kein Segelboot leisten, auch kein Paddelboot. Aber jener Freund lieh uns ein Paddelboot für eine Pfingstfahrt. Also ging es Pfingstsamstag mit dem Fahrrad zu einem Bootssteg am Altrhein. Peters Freund hatte uns nicht gesagt, daß für den Winter noch die Gebühren für das Boot zu zahlen waren, das Boot also nur zu kriegen war, wenn diese Gebühren bezahlt wurden. Also wurden sie von uns bezahlt. Unsere gute Laune konnte das nicht stören, nur war unser Geld damit fast aufgebraucht. Wir paddelten in eine Gegend, in der das Wasser ruhig war. Die Sonne schien und wir taten das, was junge Leute seit Jahrtausenden tun, nämlich garnichts. Es wurde beschlossen, die Nacht im Freien zu verbringen. Man brachte das Boot also an Land. Der Wald schien ganz geeignet für eine Nacht. Ist ganz romantisch! Und wird schrecklich kalt und feucht nach Mitternacht. Wie dringend erwartet man den Morgen, wenn es von den Bäumen tropft! Man wird unweigerlich zum Sonnenanbeter. Proviant gab es, nur nichts Warmes zu trinken. Aber

Fahrt auf dem Altrhein

es wurde ja bald warm, später heiss. Gegen Mittag hatte ich nicht nur einen schönen Sonnenbrand, sodaß ich ein Deckchen über Kopf und Nacken trug und wie Arafat ausschaute. Ich war auch total von Schnacken zerstochen, die den Altrhein so romantisch fanden wie wir. Es war wirklich ein wundervoller Tag! Menschen gab es ausser uns keine. Es ist erst später Mode geworden mit dem Auto in den Wald zu fahren, Sitzgelegenheiten und Tisch aus dem Kofferraum zu nehmen und im Schutz der Klappe des Kofferraums zu Picknicken und dann die Kinder ausschwärmen zu lassen. Ich habe keine Ahnung wie es heute in dieser, damals menschenleeren Gegend aussieht. Jedenfalls sind wir abends zu einem kleinen Dorf gepaddelt und haben eine Bleibe für die Nacht gefunden, unsere Wehwehchen – Peter hatte Fieber – und die Übermüdung verlangten wirklich nichts als Betten. Pfingstmontag ging es wieder nach Hause.

Die gemeinsamen Fahrten mit Peter gingen immer nur in die Umgebung und waren meist sehr kunsthistorisch. Wir bereiteten uns vor und sahen uns alles an, was in Frage kam. In Frankfurts Umgebung gibt es ja viel Mittelalterliches zu sehen. Peter war kein sportlicher Typ, er ist gross und dürr (immer noch) und sah schon als Jüngling im schwarzen Anzug besser aus als in der Badehose. Eine unserer Fahrten ging mainaufwärts. Es war nach 1934, und wir waren schon geübtere Fahrrad-Wandervögel. Peter hatte ein gebrauchtes Zelt erstanden. Sein Fahrrad transportierte dieses Zelt, meines den Spirituskocher. Ziele waren Würzburg und Bamberg, und die mittelalterlichen Orte, die dazwischen lagen. Die Landstrassen waren wenig befahren, meist nur von Wagen mit Pferden oder Kühen. Zelten konnte man überall; es gab schliesslich niemanden, der das tat, abgesehen von gelegentlichen Jugendgruppen. Das waren so wenige, daß ich nie einer begegnet bin. Aber „Feinde" gab es. Ich hatte im Spessart mal grosse Angst vor Wildschweinen, denen das Zelt in ihrem Revier garnicht gefiel.

Mainfahrt

Wenn ich jetzt mit dem Zug ab und zu in der Gegend von Würzburg durch das Maintal fahre, versuche ich meist möglichst viel von Schlösschen und Park von Veitshöchheim zu erhaschen. Damals hatten wir uns sicher einen Tag Zeit dafür gelassen. Jetzt gibt es viele Zeltplätze in dieser Gegend, aber wer hätte sich vor 50 Jahren überhaupt den Begriff „Zeltplatz" vorstellen können. Wenn man schon am Mainufer zelten wollte, suchte man sich eine Wiese; gestört werden konnte man nur von Gänsen. Die schnatterten nicht nur, sie untersuchten alles was in Zeltnähe lag. War man in der Nähe eines Dorfes oder Städtchens, gab es ausser Flößen, die sehr malerisch aussehen konnten, gelegentlich einen Mainfischer. Wenn man nett war, schenkte er einem ein paar Mainfische. So auf dem Spirituskocher gebraten waren sie eine Delikatesse. – Da schwärme ich von Kunst und Landschaft (und meiner Jugend) und vergesse vollständig, wie froh ich war wieder zu hause anzukommen, wieder in einem Bett zu schlafen und wieder ein ordentliches Mittagessen zu bekommen.

Winter-Semester 34/35

Im Winter-Semester 34/35 hatte ich noch Experimentalphysik zu hören, kleines Praktikum zu machen und mit der theoretischen Physik anzufangen. In Mathematik gab es ein Proseminar, zwei Vorlesungen mit Übungen. Den Nachmittag füllte ich wie immer mit Philosophie, Kunst und Literatur-Vorlesungen aus. Man lernte da am meisten in kleinen Vorlesungen über einen speziellen Gegenstand – sofern die Vorlesung gut war. So viel Kunstgeschichte ist an mir vorbeigerauscht und ich habe eine Menge davon im Gedächtnis behalten, aber die Vorlesung in der ich am meisten wirklich geiernt habe, ging über Florentinische Palastbauten.

Zahlentheorie bei Siegel

Eine der Mathematik-Vorlesungen dieses meines vierten Semesters war die Zahlentheorie, bei Siegel. Die Zahlentheorie ist meine grosse Liebe geblieben; wenn ich heute in die Reviews schaue (die ich seit Jahrzehnten abonniert habe) gilt mein erster Blick immer noch der No. 10/12. Nie zuvor hatte ich solchen Spass an den Aufgaben. Kein Wunder, daß sie hübsch waren, denn Siegel war einer der besten Zahlentheoretiker des Jahrhunderts. Das wussten wir natürlich nicht. Ein Student „weiss" gewöhnlich nicht wie gut sein Professor in einem bestimmten Gebiet ist. Solche Urteile sind zwar gerüchtweise im Umlauf, man ist aber nicht sonderlich daran interessiert, zumal sie richtig oder falsch sein können. Es ist aber sehr zweckmässig, wenn man auch als Student schon eine „intuitive" Beurteilung hat. Sofern man in einem Gebiet selbst produktiv arbeiten kann und möchte, ist ja die Auswahl des „Lehrers" sehr wichtig. – Der Spass daran, daß ausgerechnet Siegel in diesem Semester die Zahlentheorie las, dauerte nicht lange. Nach Weihnachten war er verschwunden. Der Assistent Dr. Boehle setzte die Vorlesung fort; meine Begeisterung für die Zahlentheorie blieb.

Siegels USA-Reise

Über Siegels Verbleib hörte man, er sei zur Zeit in USA. Mehr nicht. Später, sehr viel später hat er mir genaueres erzählt, auch über seinen Lebenslauf bis dahin. Ich möchte es hier aufschreiben, manches ist vielleicht nicht ganz richtig. Es war aber so, in seiner Sicht. Und wie ich schon schrieb, es gab den Unterschied zwischen „wie es wirklich war" und „wie es sich zufällig ereignet hat". Es gibt auch „wie es war und wie es erzählt werden sollte". Aber diese Idee lag ihm fern.

Es hat sich zufällig so ereignet, es war so und es sollte so erzählt werden, daß C.L. Siegel am 31.12.1896 in Berlin geboren wurde. Als erstes und einziges Kind seiner Eltern. Die Verhältnisse waren bescheiden, sein Vater war bei der Post, die Mutter versorgte den Haushalt. Der Vater hatte mehre Male die Gelegenheit im Innendienst der Post befördert zu werden, aber Schreibtische lockten ihn nicht, er blieb lieber „Geldbriefträger". Der Vater war gesellig und sah gerne Menschen. Der Sohn war sehr liiert mit seiner Mutter, sie starb als er 18 Jahre alt war und er hat ihren Tod sehr schwer überwunden. Keine Frage, C.L. Siegel war die ganze Schulzeit der unbeliebte Musterschüler, anhänglich und zärtlich bei seiner Mutter, kontaktschwach in der Schule. – Er erzählte eine etwas rührselige Geschichte: Mit ungefähr 16 Jahren sass er allein auf einer wunderschönen Wiese. Da sei das erste Mal eine unsägliche Traurigkeit über ihn gekommen. Von da an öfter, bis zum Weinen. In dieser Zeit zeichnete er viel, ich meine, daß diese Zeichnungen diese Stimmung gut widerspiegeln. *Bericht über Siegel*

In seiner Studienzeit, es muss 1914–1916 gewesen sein, fand er einen Freund fürs Leben, Bessel-Hagen. Ich selbst traf Bessel-Hagen nur ein einziges Mal, ungefähr 1940. Ich kann mir schon denken, daß es eine enge Freundschaft war, wenn auch verschieden von den beiden Seiten aus. Bessel-Hagen hat Siegel verehrt, was ja häufig zwischen mathematischen Kollegen vorkommt, wenn der eine von den Fähigkeiten des anderen fasziniert ist. Siegel seinerseits fand es wunderschön von jemanden, dessen Fähigkeiten und Wesen er anerkannte, verehrt zu werden. Wenn er von dem anderen nicht viel hielt, legte er auch keinen grossen Wert auf dessen Verehrung. Seine erste „Freundin" gewann er auch zu Beginn seines Studiums, Maria, etwas älter und Mathematik-Studentin. Bessel-Hagen hinkte etwas, ich glaube infolge einer Kinderlähmung, jedenfalls sah es mir so aus. Er wurde also nicht zum Militär eingezogen, während Siegel längere Zeit Angst davor hatte und dann auch einen Gestellungsbefehl bekam. So lernte er seinen zweiten, langjährigen Freund kennen, Egon Schaffeld. Dieser war zwei Jahre älter als Siegel, er musste praktisch schon gleich nach dem Abitur den Betrieb seines Vaters übernehmen, eine Spinnerei und Weberei für Grobgarn. Er war vermögend, hatte aber 8 jüngere Geschwister; sein Vater war jahrelang an den Rollstuhl gefesselt. Natürlich wurde Schaffeld frühzeitig eingezogen – und war dann den ganzen Krieg über auf einer Schreibstube in Strassburg. Eigentlich wollte er Physik studieren, der Vater erlaubte, wenn überhaupt Jura. Nach dem Krieg hat Schaffeld die halbe Woche den Betrieb geleitet, die andere Hälfte der Woche studiert – aber nicht Jura. Während der *Bessel-Hagen*

Maria

Egon Schaffeld

Soldatenzeit in Strassburg bekam er wenige Stunden frei, es reichte zu Mathematikvorlesungen, die er ohnehin der Physik wegen hören wollte. Schon damals hat er sich allerdings für Mathematik entschieden. Auf der Schreibstube hatte er mit den Papieren der Rekruten zu tun, so kamen Siegels Papiere in seine Hände und er las mit Staunen, welch gute Gutachten über seine mathem. und physik. Fähigkeiten beilagen. Die Berliner Kollegen hatten, leider ohne Erfolg, versucht eine Freistellung Siegels vom Militär zu erreichen. Die erste Begegnung Siegel–Schaffeld wurde mir von beiden Seiten geschildert. Siegels überschwengliches „Er hat mein Leben gerettet", Schaffelds nüchternes „Man muss doch helfen, wenn man kann."

Wer Schaffeld gekannt hat, weiss, daß er helfen konnte und es gern tat. Er stürzte also erst mal in ein Rekrutenzimmer und fischte den völlig deprimierten Siegel auf. Für sich selbst hatte er erreicht, in einem Privatzimmer zu wohnen, für Siegel erreichte er einige Freistellungen. Dann haben sie gemeinsame Pläne für Siegel gemacht. Die Siegelschen Bedingungen waren hart und kaum erfüllbar: Ganz raus aus dem Militärdienst. Schliesslich gelang ein *Aufenthalt im Sanatorium*. Viel erzählt hat Siegel nicht über diese Zeit, nur daß Maria ihm Vorlesungsmitschriften und Übungsaufgaben ins Sanatorium schickte. Gern gesprochen hat Siegel über seine Spaziergänge mit Schaffeld in der Umgebung von Strassburg da diese für ihn in dieser trüben Zeit einen grossen Lichtblick bedeuteten. Auf diesen Spaziergängen haben sich diese beiden, so sehr verschiedenen jungen Leute eng angefreundet. Ich hatte den Eindruck, daß, neben seinem Vater, für Siegel nur noch Schaffeld so etwas wie eine Respektsperson war. Er liess, auch in späteren Jahren noch alles liegen und stehen, wenn Schaffeld – meist überraschend – kam um mit ihm spazieren oder auszu-gehen.

Ich habe den Siegel einmal gefragt, ob er 1918 bei Revolutionsausbruch in Berlin gewesen wäre und was er getan habe. Die Antwort war: „Ich war in Berlin und mein Vater hat mich nicht auf die Strasse gelassen." Schätzungsweise war es ein „richtiges" Vater-Sohn-Verhältnis. Der Vater hat übrigens ein zweites Mal geheiratet und der Sohn war auch sehr anhänglich an seine Stiefmutter. Das hat mir nicht nur Siegel, sondern auch Schaffeld erzählt, der in den zwanziger Jahren häufig die Familie in Berlin besucht hat. Die Stiefmutter war ihrerseits sehr besorgt um den Sohn, besonders als 1939 wieder ein Krieg ausbrach. Siegels Vater war kurz vorher gestorben. Ich hatte ihn nicht kennen gelernt, wohl aber die Stiefmutter 1939.

Ungefähr 1919/20 finden sich alle 4 Freunde in Göttingen, Siegel, Bessel-Hagen, Schaffeld und Maria. Nach einiger Zeit sind die Männer in Mathematik promoviert, Maria verschwindet von der Bildfläche. Ich weiss nicht, welcher der drei entschiedener gegen jede Heirat eingestellt war, alle drei sind Junggesellen geblieben, mit mehr oder weniger Theaterdonner. Maria war Siegels Freundin, ihr Kontakt mit den beiden anderen war nicht eng.

Vier Freunde in Göttingen

Die vielen Göttinger Geschichten habe ich natürlich nicht miterlebt. Ich weiss auch nicht, ob sie noch interessant genug sind um sie aufzuschreiben. Die meisten waren harmlos. Man wird häufig nach einer der „bösen" Siegel-Geschichten gefragt, der Versenkung von Bessel-Hagens Habilitationsschrift. Sie stimmt tatsächlich, aber man muss vorwegschicken, daß Siegel nur seinen besten Freunden böses angetan hat und daß es ihm nach einiger Zeit leid tat – Ausnahmen gibt es, sie sind unbegreiflich. Aber diese Bessel-Hagen-Geschichte muss ungefähr so verlaufen sein: Siegel sollte die Arbeit begutachten. Er nahm sie mit auf eine kurze Seereise und sie belastete ihn sehr da er über ganz andere mathematische Probleme nachdachte. Also versenkte er sie und machte genaue Angaben wo. Er wusste daß Bessel-Hagen nur dieses Exemplar hergestellt hatte und daß es monatelanger Arbeit bedurfte ein Neues herzustellen. Nach einiger Zeit bekam Siegel grosse Gewissensbisse und lud Bessel-Hagen ein, mit ihm eine längere Reise durch Griechenland zu machen. Beide hat diese Reise sehr glücklich gemacht.

Bessel-Hagens Habilitationsschrift

Über die mathematische Entwicklung von Siegel ist alles bekannt, mathematischen Nachlass gibt es nicht. Die Geschichte seiner Dissertation ist auch aufgeschrieben. Irgendwie ist das eine typische Geschichte für die Entwicklung eines begabten Menschen. Er hat eine mathematische Idee, die etwas taugt, aber er kann sie noch nicht verständlich formulieren. Wenn er Pech hat, verläuft die Sache unglücklich, wenn er Glück hat, findet er einen älteren Kollegen, der sich so lange mit ihm beschäftigt, bis die Idee klar formuliert und Konsequenzen aufgezeigt sind. Siegel hatte dieses Glück, denn Edmund Landau scheute keine Mühe. Die Dissertation wurde eine Sensation und Siegel wurde bereits 1922 auf ein Ordinariat an der wenige Jahre zuvor gegründeten Universität Frankfurt berufen, an der Dehn und Hellinger bereits lehrten. Mit wenigen Unterbrechungen ist er bis Dezember 37 in Frankfurt geblieben. Zunächst wohnte er in Kronberg, und zwar bei der Familie des nicht gerade bedeutenden aber wohl sehr liebenswerten Malers Wucherer. Über Peter war ich mit Wucherers Sohn und Schwiegertochter bekannt, die in Frankfurt lebten. Aber die alten Wucherers kannte ich nicht persönlich. Siegel hat bei Wucherer Zeichen- und Mal-

Siegels Dissertation

Berufung nach Frankfurt

Maler Wucherer

unterricht genommen und ist auch später immer beim Impressionismus geblieben. Zeichnen und Malen war bis 1940 sein Hobby. Seine skizzenhaften Bilder sind inzwischen vielen Kollegen gut bekannt da sie nach seinem Tod von der Hausdame, die sie erbte, zum Kauf angeboten wurden. Ich finde, daß seine auf Leinwand gemalten Oel-Landschaften am besten sind, aber meist zog er buntes Papier und farbige Kreide vor. Bei Wucherers hat Siegel sich sehr wohlgefühlt. Kronberg liegt am Rand des Taunus, er konnte Spaziergänge und Wanderungen machen wie er sie liebte. Mit dem Frankfurter Hauptbahnhof besteht eine gute Bahnverbindung.

Wann Siegel sich in Frankfurt selbst eine Neubauwohnung nahm – und dann auch noch mal umzog – weiss ich nicht. Für uns Studenten war seine Adresse stets geheim. Mit Nachbarn hatte er überhaupt keinen Kontakt, eine weibliche Haushilfe hielt die Wohnung in Ordnung. Mit dieser sprach er nicht, sondern legte nur geschriebene Nachrichten auf den Küchentisch. Das blieb so bis zu seiner letzten Hausdame, mit der er allerdings mündlich Worte wechselte. Seine langjährige Freundin Betty lernte er in Kopenhagen kennen, noch in den zwanziger Jahren. Sie reisten und wanderten viel zusammen und während des Semesters besuchte sie ihn an den Wochenenden in Frankfurt. Sie hatte sich in Mannheim niedergelassen und übte dort „schwedische Heilgymnastik" aus. Es machte Siegel Spass schwedisch zu lernen und immer schwedisch mit ihr zu sprechen. Ob ihr diese Ferien- und Wochenende-Gemeinschaft gefallen hat oder ob sie darunter gelitten hat, weiss ich nicht; ich bin nie mit ihr zusammengetroffen.

Betty

1933 Wer hätte nicht 1933 daran gedacht Deutschland zu verlassen! Wenn man seine Stelle verlor, wurde einem die Entscheidung natürlich abgenommen, man musste emigrieren. In allen übrigen Fällen war die Entscheidung nicht leicht, zumal im Ausland erst diejenigen Deutschen untergebracht werden mussten, die Deutschland verlassen mussten. Auch sah man nicht unbedingt voraus wie es laufen würde und es fehlte die Erfahrung mit einem totalitären System. Man hätte Familie und Freunde im Stich lassen müssen. Man tut das, wenn man muss. – Siegel wollte sich auf alle Fälle umsehen, sich dann entscheiden. So kam es, daß er Anfang 1935 nach Princeton N.J. an das „Institute for Advanced Study" ging, zunächst für ein Jahr. Und wir Studenten sassen nach Weihnachten im Hörsaal und fingen an uns an Dr. Boehle zu gewöhnen.

Organisationen der NSDAP Nach 1933 gab es nur eine Partei, die NSDAP. Sie hatte viele Organisationen, denen man „freiwillig" beitreten konnte – weil man die entsprechende „Weltanschauung" oder Angst hatte. Aber auch anderes war NS-organisiert, auch eine Freizeitgestaltung unter dem schönen Namen „Kraft durch Freude". Es gab ja überhaupt für vieles schöne Namen, wie „Lebensborn" oder „Glaube und Schönheit". Die Organisation, der jeder Studierende automatisch angehörte, hatte keinen schönen Namen, sie hiess nur „Deutsche Studentenschaft". Das „politische Mandat", um das der Asta seit Bestehen stets kämpft, war selbstverständlich und die „Studentenführung", ernannt, nicht gewählt, hatte wohl im Wesentlichen Überwachungsfunktion. Sie hat sich wohl auch mit der Organisation von „Pflichtveranstaltungen" befasst. Ich weiss nicht, wann das genau anfing, Pflichtsport war auch dabei. Ferner Dinge wie Erste Hilfe. Man hatte eine gewisse Auswahl. Bestens erinnere ich mich an einen Kurs, in dem ich Morsen lernte. Und an eine weltanschauliche Vorlesung des damaligen, aus politischen Gründen berufenen Rektors. Was der Rektor so über Blubobrausi (Blut und Boden, Brauchtum und Sitte) sagte, weiss ich nicht mehr. In meiner Erinnerung ist jedoch der äussere Ablauf noch lebendig. Zu Beginn der Stunde musste man seinen Namen auf einen Zettel schreiben. Die Zettel wurden in einen Papierkorb geworfen, dann wurden die Hörsaaltüren abgeschlossen, damit man nicht während der Stunde hinausschlüpfen konnte. Natürlich sagt jetzt jeder: „Warum hat sich keiner gewehrt?" Nun, wenn etwas geschieht, was man nicht versteht, sind es meist die Folgen, die man nicht berücksichtigt. Sich gegen etwas wehren bedeutete bestenfalls vom Studium ausgeschlossen zu werden, wenn man Pech hatte bedeutete es KZ. Und wegen der Sippenhaftung konnte das dann üble Folgen für die ganze Familie haben. Natürlich war das die ersten Jahre des Dritten Reiches noch nicht ganz so schlimm, der ganze formale Apparat musste ja erst aufgebaut werden. Ich muss gestehen, daß ich selbst damals noch sehr optimistisch war, ich hielt es für einen bösen Traum, der rasch vorbei geht. Erst 1935 geriet ich in diese Maschinerie und hatte unwahrscheinliches Glück einigermassen ungeschoren durchzukommen. Siegel bekam im Sommer-Semester 1935 eine Vertretung, und zwar einen sehr linientreuen jungen Mann. Wir jüngeren erfuhren das von einem älteren Studenten. Ich hatte mich sehr engagiert bei einem Boykott der Vorlesung des jungen Mannes und die Studentenführung hatte das erfahren. Natürlich fielen die linientreuen Studenten über mich her. In meiner Not lief ich zu Hellinger, der beriet mich so gut er konnte. Ich wurde also nicht sofort herausgeworfen oder gar eingesperrt, nur verwarnt. Und mein Vater, der sich nie in meine Studienangelegenheiten einmischte, überlegte sich einen Ausweg. Ein Freund half ihm dabei. So kam ich im Wintersemester 1935/36 an die Universität Marburg. Meine Mutter war

Blubobrausi

Vorlesungsboykott

inzwischen wieder gesund, aber das Geld wie immer knapp. Es verstand sich also, daß ich mit dem Fahrrad nach Marburg fuhr.

Oktober 82

Die Marburger Trotz der nicht rosigen äusseren Verhältnisse waren meine beiden
Semester Marburger Semester, das WS 1935/36 und das SS 1936, meine eigentliche Studienzeit. Zwar wohnte ich nicht in einer „Bude", die ich ohnehin nicht hätte bezahlen können, sondern in einem „Kameradschaftshaus". Mein Vater und sein Freund fanden das zweckmässig, ich bekam das auch vom Studentenwerk bezahlt, ebenso wie das Mittagessen in der Mensa. Heute ist das Haus, ziemlich weit oben am Burgberg, ein Studentinnen Wohnheim. Freilich gab es damals mehr Zwang als heutzutage. Meine Mutter sagte häufig: „Du hast – dieses oder jenes – nicht so empfunden". Natürlich. Wenn man starke Empfindungen in einer bestimmten Richtung hat, sind die Empfindungen in anderen Richtungen eben weniger stark.

Meine wesentliche Empfindung war eine „richtige", „freie" Studienzeit, in anderer Umgebung. So ähnlich muss es heutzutage Jugendlichen vorkommen, wenn sie zuhause ausziehen. Aber dadurch, daß sie in der Nähe bleiben, und abgesehen von den Eltern Menschen mit denen sie in Beziehung stehen behalten, ist das nur eine geringe Veränderung. Nun, die Leute sind ja auch jünger, häufig noch in der Schule.

Der Verkehr mit zuhause beschränkte sich in meiner Marburger Zeit auf Wäschepakete und gelegentliche Briefe an meinen Bruder, häufige Briefe an Peter. Man telefonierte nicht, das war zu teuer.

Im Kamerad- Im Kameradschaftshaus hatten wir zwar eine linientreue „Füh-
schaftshaus rerin", aber sie hatte wenig Einfluss. Wie das bei Mädels so geht, sie verliebte sich, der Jüngling interessierte sich für eine andere. So hatte sie nicht genügend viel Elan Führerin zu spielen. Ihr Ansehen bei uns war auch deshalb gering, weil sie sich nicht für das Studium – irgendein geisteswissenschaftliches Fach – interessierte. Ich selbst war natürlich Aussenseiter, schon wegen der Mathematik. Meine Freundinnen studierten Medizin, die Hälfte der Heiminsassen waren Medizinerinnen. Eine meiner Freundschaften hat die fast 50 Jahre
Gerda überdauert. Gerda ist einen Monat älter, sie war damals gerade in der Vorbereitung zum Physikum und ist heute noch Kinderärztin. Jede von uns beiden hat an der anderen diejenigen Eigenschaften geschätzt, die sie selbst nicht hatte. Nur „ausgeglichen" waren wir wohl beide, unsere Abendspaziergänge durch einen nahegelegenen Wald waren sehr erholsam.

Frühstück und Abendessen wurden gemeinsam eingenommen. Wie viele wir waren, weiss ich nicht mehr, es müssen so 40 oder

50 gewesen sein. Wir hatten zumeist Zweibettzimmer. Aber als höheres Semester hatte ich, wie Gerda, ein Einzelzimmer mit Blick über das Lahntal. Das Abendessen war nicht üppig aber geruhsam. Frühstück war ganz anders! Auch nicht üppig, aber um 6^{30}. Und vorher wurde „die Flagge gehisst" und ein Lied gesungen. Mehr politisches Verhalten wurde von Mädels nicht verlangt, eigentlich auch nicht gewünscht. Manche Vorlesung fing um 7 Uhr an, z.B. Zoologie oder Botanik, Vorlesungen für Mediziner und Lehramtskandidaten. Ich hatte ja noch viel „Biologie" hinter mich zu bringen, also Zoologie und Botanik. So eilte ich also nach 6^{30} mit den Medizin-Anfängerinnen über den Berg, denn hinter dem Berg lagen Zoologie und Botanik. Das war zwar nicht wie ich es mir vorgestellt hatte, Pflanzen und Tiere kennen lernen, nur etwas ausführlicher und systematischer als in der Schule. Aber interessant war es schon, jedenfalls so, daß ich auch darin einige „Fleisszeugnisse" bestand. Aber doch so nebenbei. Denn den Rest des Tages verwendete ich auf Mathematik und Physik. Neben der theoretischen Physik war ein grosses Praktikum an der Reihe, dieses 8-stündig. Ich war einem Jüngling zugeteilt, der ein „richtiger" Physiker war. Er machte also die Versuche und rechnete mit dem Rechenschieber, während ich mich nur mit den passenden Formeln herumschlug. Physikalisch waren die Assistenten mit uns schon ganz zufrieden, nur waren wir ihnen zu albern. Besonders wenn der verantwortlich zeichnende Geheimrat Grüneisen in der Nähe war. Natürlich hiess er bei uns Geheimeisen Grünrat; Grund genug um wie Kleinkinder zu lachen. Merkwürdig wie wenig Inhaltliches von Studienfächern übrig bleibt, wenn man sie nicht ernsthaft studiert. Es geht zu rasch an einem vorbei, Lichtgeschwindigkeit in 14 Tagen, Windkanal und Magnetismus dauerten etwas länger. Wie viele Formeln habe ich gelernt und „im Schlaf" gekonnt, und vergessen. Man denkt zwar, daß man alles wieder lernen kann, wenn man „es braucht" oder wenn es „einen interessiert". Aber inzwischen bin ich in einem Alter, in dem Kurzzeitgedächtnis und Langzeitgedächtnis durchaus zum Nachdenken anregen. Viele meinen ja, daß Nachdenken sehr eng mit der Persönlichkeit verbunden ist, aber das Lebensalter spielt wahrscheinlich doch auch hier eine ausschlaggebende Rolle. Und wenn dann das Kurzzeitgedächtnis nachlässt und man sich auf das Langzeitgedächtnis konzentriert, stellt man fest, wie viel Nennenswertes man vergessen und wie viel absolut irrelevantes man behalten hat. Gut wenn man das mit Humor nimmt, bei sich selbst und anderen.

 Einer unserer Kollegen hat seit seiner Studienzeit in der Mensa gegessen. Seitdem er im Ruhestand lebt, ist er in die unmittelbare Umgebung der Mensa gezogen, um keine Zeit zu verschwenden und

Zoologie und Botanik

Physik

Mensa

auch dann noch in der Mensa essen zu können, wenn seine Kräfte nachlassen. – Mir hat das eine Jahr Mensa-Essen in Marburg fürs ganze Leben gereicht. Übrigens hat sich da im Lauf der 50 Jahre, abgesehen vom Preis inzwischen nicht viel verändert. Zwar war ich schon lange nicht mehr in der Marburger Mensa, aber erst kürzlich wieder in der Mensa einer neuen deutschen Universität. Die Gross-stadt-Mensen bilden eine Ausnahme weil sie meist mit den umliegenden Kneipen etwas konkurrieren müssen. Aber in kleinen oder ausserhalb gelegenen Universitäten gibt es kaum Auswahl. Man stellt sich in eine Schlange, nimmt ein Tablett, bedient sich oder lässt sich bedienen am Tresen. Mancherorts kommen die Tabletts auf einem Fliessband fix und fertig. Kantinen sind ja auf der ganzen Welt so. Aber was man bekommt ist unterschiedlich. Neulich hatte ich eine lauwarme Suppe, undefinierbar, ein Schälchen Salat, von dem man nicht feststellen konnte ob er total oder nur halb hinüber war, ein Schälchen Kompott, ebenfalls zweifelhaft. Hauptgericht: Fleisch, Sauce, ein Klos. Wenig, salzig, pfefferig. In Marburg gab es nur Hauptgericht und Nachtisch. Irgendetwas mit viel brauner oder roter Sauce. Allerdings: Auch damals gab es, wie heute, einmal in der Woche ein Gericht, das passabel schmeckte. Auch dieses Mensa-Essen trug dazu bei, daß ich mich in Marburg wie eine richtige Studentin unter anderen Studierenden fühlte. In Frankfurt hingegen fuhr ich zum Mittagessen stets mit dem Fahrrad nach Hause. In Marburg sass ich mit anderen zusammen und wir quasselten. Meist über den Vormittag, der besonders bei den Medizinerinnen stets interessant verlaufen war.

Während in Frankfurt die Mathematik ruhig verlief, war sie in Marburg eine anregende und aufregende Angelegenheit. Das lag an Kurt Reidemeister, Rufname Mucki. Bei Mucki geschah immer etwas, jedenfalls in den rund 40 Jahren, in denen ich ihn kannte. Noch im Jahr seines Todes, hatte ich einen harten Wortwechsel mit ihm, andere Freunde hatten härtere. Er glaubte etwas zur Kontinuumhypothese beweisen zu können, obwohl man leicht einsehen konnte, daß es falsch war. Nun, so etwas passiert leicht, wenn man über 70 Jahre alt ist. Aber er wollte diese Arbeit unbedingt publiziert haben. Dann bekam man zu hören: „Sie dumme Person!" und wahlweise: „Ich habe nie eine klügere Frau gekannt". Dazwischen drei geistreiche Sätze. So verlief unser letztes Gespräch – und ähnlich das erste. Es gab zu meiner Studienzeit drei Professoren für Mathematik in Marburg. Ich glaube, daß einer von ihnen, Kraft, Nichtordinarius war. Dafür schrieb er mit beiden Händen gleichzeitig verschiedene Texte an die Tafel; dafür aber hatte er zuhause auch 4 kleine Kräfte. Seine Vorlesung besuchte ich nicht. Der älteste

Kurt Reidemeister

war Neumann, er hielt die gut besuchten, langweiligen Vorlesungen. Ich besuchte sie und kämpfte gegen den Schlaf. Er hatte alle Examenskandidaten, aber an Examen dachte ich noch nicht. Die Kollegen meiner Wahl waren Mucki und der junge Dozent Rellich. *Rellich* Sie hielten damals ein gemeinsames Seminar ab über Kählers Abhandlung über Differentialformen. Zunächst mit 2 Studenten, der eine war ein Jüngling, der bald die Flucht ergriff, der andere war ich. Abgesehen von Reidemeister, Rellich und uns beiden, nahmen Reidemeisters Leute teil, die sich im Scherz als seine „Knechte" bezeichneten. Wahrscheinlich war einer Assistent und zwei waren Forschungsstipendiaten. Natürlich besuchte ich auch Reidemeisters Vorlesung; Rellich war dort nicht anwesend, im übrigen war es dasselbe Publikum. Gegenstand war die Topologie.

Hensel lebte noch in seinem grossen Haus als ich in Marburg studierte. Auswärtige Gäste wurden von ihm eingeladen und es wurde musiziert. Aber ich selbst bin ihm nur einmal begegnet. Immerhin begegnete man sich in Marburg in der Stadt! In Frankfurt war das ganz anders. Man begegnete sich nur in Universitätsnähe und wenn dort etwas stattfand. Ich selbst kam nur mit dem Fahrrad, Schneider mit Motorrad. Nach Seminar und Vorlesung fuhr man nach hause und hatte dort seine menschlichen Begegnungen. In Marburg war das ganz anders. Es gab damals eigentlich nur ein Café und wenige Restaurants. Alles, auch die Mensa, war in der einen Strasse in der sich der grösste Teil des Lebens abspielte. Dort traf man sich automatisch. Mit den jungen Mathematikern war ich rasch bekannt. Alle waren noch unverheiratet – und ich war von Frankfurt her ans Ausgehen gewöhnt. Bald nachdem ich in Marburg anfing waren Moufang und Magnus zu einem Kolloquiumsvortrag eingeladen. Aus diesem Anlass wurde ich zu einer kleinen Gesellschaft bei Mucki eingeladen und lernte seine Frau, Pinze genannt, kennen. Man duzte sich damals ja zwar nicht, wenn aber *Mucki und Pinze* jemand für die jüngeren interessant war, wurde er in der Unterhaltung unter jungen Leuten mit Rufnamen oder Spitznamen bezeichnet. Wir redeten also von Mucki und Pinze. Sie waren, für mathematische Verhältnisse, ein besonders elegantes Paar. In jüngeren Jahren sahen sie, wie ich von Photos weiss, verträumt romantisch aus. In meiner Marburger Zeit sahen sie intellektuell aus, sie waren beide so um 40 Jahre alt. Pinze photographierte, Mucki dachte nach, sie bewohnten eine grosse und grosszügige Wohnung und hatten Freunde aus allen Fakultäten. Hausarbeit lag Pinze ganz und gar nicht. Damals war das nicht tragisch, man fand immer eine Hilfe zu erschwinglichen Preisen.

Wenn ich Mucki begegnete, ging er gern ein Stück mit mir oder lud mich sogar zu einem Kaffee ein – und fing gleich an über meinen Kopf hinweg zu reden. Ganz schlimm wurde es, wenn er mal eine Sekunde an seine Zuhörerin dachte und dann zu seinen eben geäusserten philosophischen Gedanken ein Beispiel konstruierte. Ich erinnere mich daran, daß eines der Beispiele einen Regenschirm betraf und ich Muckis Mühe nur mit „Auch das Beispiel verstehe ich nicht" kommentierte. In solchen Fällen konnte er verzweifeln, wütend werden oder auch schallend lachen. Einmal hat er mich minutenlang auf offener Strasse laut ausgelacht. Ein Glück also, daß ich nicht so leicht einen seelischen Knacks bekommen konnte. Und was hatte ich bei dieser Gelegenheit nicht verstanden und gewagt ihn fragend anzusehen? Er hatte gerade gesagt, seine nächste Differentialrechnung würde er nicht-archimedisch halten. Nun, so auf die Schnelle konnte ein weibliches sechstes Semester das kaum ohne Erläuterung verstehen. Mucki lachte mich nur aus, liess mich aber nicht stehen sondern redete dann liebevoll und unverständlich weiter. Auf diese Weise sind wir ganz gute Freunde geworden. Er trug es mir nicht einmal nach, daß er meinetwegen die Vorlesung über Topologie halten musste; er hatte ursprünglich vorgehabt sie wegen Mangel an Beteiligung ausfallen zu lassen. Gewöhnlich sassen Muckis „Knechte" in der Bank hinter mir. Sie waren alle promoviert, dabei sich zu habilitieren und verstanden was Mucki sagte. Nur gelegentlich machten sie sich Notizen, während ich versuchte mitzuschreiben. Wenn ich mal wieder garnichts verstand, drehte ich mich hilfesuchend um. Aber dann konnte es vorkommen, daß Arnold Schmidts Papier mit Elefanten bedeckt wurde. Einer neben dem anderen, alle auf dem Kopf stehend. Sollte ich das etwa kopieren um dann zuhause noch mal scharf darüber nachzudenken? Aber häufig fand sich ein freundlicher „Knecht" der nachmittags mit mir spazieren ging und versuchte mir Muckis Gedanken näher zu bringen. Es war nie Arnold Schmidt weil ich den nicht mochte. Aber die übrigen waren mir gleich lieb.

Muckis Knechte

Das Mucki-Seminar war eine grössere Katastrophe als die Vorlesung, weil ich da selbst auftreten musste und jeden dritten Vortrag halten. Mucki zu fragen hatte für mich keinen Sinn, also fragte ich zunächst den zweiten Veranstalter Rellich. Auch er war ja damals unverheiratet, antwortete bereitwilligst und lud mich häufig auch mal abends ein. Leider fiel mich Mucki während der Vortrags an, sobald ich mir Hilfe bei Rellich geholt hatte. Versuchte ich aber Rellich und einen der Knechte vor einem Vortrag zu fragen, so stellte sich heraus, daß die Ansichten grundverschieden waren. Dadurch wurde alles noch schwieriger, obwohl ich doch gewillt war alles zu lernen was ich lernen konnte, es dann brav auswendig zu lernen und es hübsch übersichtlich an die Tafel zu schreiben. So hingegen blieb mir nur übrig hübsch an der Tafel auszusehen, was ich damals tat, und mich auf meine nicht hässliche Stimme zu verlassen. Das Seminar ging also in vollem Einvernehmen zu Ende. Viele Jahre später gestand mir Mucki, daß er mir im Anschluss an das Seminar gern ein Dissertationsthema vorgeschlagen und mich in Marburg behalten hätte.

Peters Zeitung existierte noch in Frankfurt so lange ich in Marburg war. Während ich mich an den Umgang mit Gerda und den jungen Kollegen gewöhnt hatte, nahm er andere junge Damen mit in Konzerte und Theaterpremieren, die er zu rezensieren hatte. Aber in den Ferien war ich ja in Frankfurt und mit Peter zusammen. Ich weiss nicht genau, wann seine Zeitung eingestellt werden musste, nehme aber an, daß es 1937 oder 1938 war. Nach 1933 ging die unselige Entwicklung ja nicht Schlag auf Schlag, sondern langsam und stetig. Es war für Peter keine Frage ob er umschwenken und sich bei einer Parteizeitung bewerben, oder ob er die Zeit anders überleben sollte. 1933 war er erst 23 Jahre alt, aber sehr standfest. Er zog also in eine kleine Mansarde und nachdem seine Zeitung eingegangen war, hungerte er sich als freier Journalist bis zum Krieg durch. – Ich glaube, wir haben beide damals ziemlich viel Idealismus betrieben.

Peters Zeitung

So bald Ferien begannen und ich wieder in Frankfurt war, führte mich einer meiner ersten Wege in das Frankfurter Mathematische Seminar. So auch zu Weihnachten 1935. Ich dachte Schneider, Moufang oder Magnus zu begegnen, zumal an diesem Tag noch Vorlesungen stattfanden. Auf der Treppe begegnete ich jedoch dem Siegel. Er war zum W.S. 1935/36 wieder nach Frankfurt zurückgekommen. Ich war ziemlich erstaunt, daß er mich mit Namen ansprach. (Später war ich nicht mehr so erstaunt, nachdem ich mir selbst die Namen von netten oder tüchtigen Studenten möglichst rasch einprägte.) Wahrscheinlich hatte ihn Hellinger über meine Differenzen mit den NS-Studenten informiert. Er nahm mich also sogar mit in sein Dienstzimmer. Viele Worte machte er zwar nicht, aber ein Angebot war das schon! Ich könne jederzeit zum Examen zu ihm kommen, am besten gleich mit der Absicht zu promovieren. Da ich bis dahin überhaupt nie an eine Promotion gedacht hatte, machte ich natürlich gleich den passenden Einwand und äusserte die Ansicht, ich sei vermutlich nicht zu einer Dissertation im Stande. Mit grösster Leichtigkeit schob er das beiseite. Keineswegs mit „Natürlich sind Sie im Stande" sondern: „Wenn es nicht klappt, können Sie die Arbeit immer noch für das Staatsexamen verwenden". Das

Ferien in Frankfurt

Siegels Rückkehr

Promotionsangebot

leuchtete mir sofort ein. Da ich mich in seiner Anwesenheit nicht so recht wohl fühlte, entfloh ich mit einem „Ich werde es mir überlegen".

Prüfungs- *bestimmungen*   Hinzufügen sollte man hier etwas über Prüfungsbestimmungen. Heutzutage sind sie eine grosse Sache, auf die viel Zeit verschwendet wird. Damals schienen sie von untergeordneter Natur. Wenn man in den Schuldienst wollte, musste man Staatsexamen machen, in Frankfurt mit 3 Schulfächern. Diplom in Mathematik wurde in Deutschland erst 1941 (?; es kann 40 oder 42 gewesen sein) eingeführt. Dr-Examen „konnte" man nach 6-semestrigem Studium, zwei davon am betreffenden Ort, absolvieren. Wenn man „konnte". Eine Dissertation war nötig und mündliche Prüfungen. Im Moment nahm ich Siegels Vorschlag also nicht ernst, wenn er mir auch Selbstvertrauen einflösste. Ich vergass ihn aber auch nicht. Schuld daran war wahrscheinlich, daß ich Reidemeister so schlecht verstand. Während ich dem Siegel stets aus dem Weg ging, kam ich in persönlicher Hinsicht gut mit Reidemeister aus und fühlte mich ganz wohl in seiner Umgebung. Aber bei Siegel verstand ich jedes Wort, auch wenn es absonderlich klang, während ich bei Reidemeister kein Wort verstand, auch wenn es ganz natürlich klang. Die beiden waren übrigens später einige Jahre eng befreundet, um sich dann für den Rest des Lebens feindlich gegenüber zu stehen.

Wie lange würde es dauern bei Mucki das Staatsexamen zu machen? Würde das finanziell gehen? Gäbe es auch in Marburg politische Schwierigkeiten? So sehr gut war die Studenten-Organisation noch nicht. Aber im SS 36 sickerte doch auch in Marburg durch, ich sei „politisch unzuverlässig". Ich würde also kein Stipendium mehr bekommen können. – Oh ja! Der Sommer in Marburg war so schön. Sonnig und voller Rosen. Mit vielerlei Freunden und Freuden. Aber doch der Idee, daß dies keine Fortsetzung haben könne.

Zurück in *Frankfurt*   Also verliess ich Marburg sogar etwas vor Semesterende, um in Frankfurt im Seminar Herrn Siegel aufzusuchen, der nach Semesterende stets sofort abreiste. So viel wussten die Studenten alle von ihm – viel mehr nicht.

8. April 1983

Es ist schon ein halbes Jahr her seitdem ich Aufzeichnungen gemacht habe. Es kommt eben immer wieder etwas Unwichtiges dazwischen. Ausserdem soll ich der Gesundheit wegen täglich spazieren gehen. Heute kaufte ich in dem studentischen Buch- und Papierladen ein, der sich auf dem Hamburger Univ. Gelände befindet und dachte wieder intensiv daran, daß ich selbst damals so herumgelaufen war, wie die heutigen Studentinnen in der ersten Semesterwoche. – 50 Jahre ist garkeine so lange Zeit!

Die für mich folgenschwere Unterredung mit Siegel, die jedenfalls meine berufliche Laufbahn bestimmte, fand Ende Juli 1936 in Frankfurt statt. Ich hatte gerade mein siebtes Semester beendet, liess mich vom Assistenten Schneider bei Siegel anmelden und sagte dem grossen Mann dann in einem knappen Satz, ich würde gern seinen Vorschlag annehmen bei ihm zu promovieren. Das Gespräch dauerte nicht lange, hat uns aber beide beeindruckt. Mich beeindruckte es, daß er sofort zur Tafel schritt, mit den Worten, er habe mir die folgenden Themen vorzuschlagen. Dann schrieb er acht an, ganz rasch, ganz säuberlich, ich hatte nicht den Eindruck, daß er hierbei nachdachte. Von keinem der Themen hatte ich die geringste Vorstellung. Und dann kam der Punkt, an dem ich ihn beeindruckte. Ich sagte nämlich nur: „Welches ist das einfachste?" Da hat er dann doch lachen müssen und antwortete „Das erste natürlich." Damit war unser Gespräch praktisch beendet, da ich sagte „Also darf ich das erste Thema nehmen, es bitte notieren und um Literaturhinweise bitten." Literaturhinweis war seine Arbeit über die „Analytische Theorie der Quadratischen Formen", meine Dissertation hiess dann „Über die Zerlegung quadratischer Formen in Quadrate". Die Unterredung war beendet. Siegel fuhr, wie er das stets bei Semesterende zu tun pflegte, am nächsten Tag an die See oder in die Berge. Ich selbst musste mich sicher erst einige Tage über die neue Lage beruhigen. Schliesslich war ich jetzt Doktorandin, noch dazu bei einem ziemlich sonderlichen Junggesellen, mit einem Thema in der Tasche, von dem ich keine Ahnung hatte.

Thema für die Promotion

Zu hause konnte ich von alledem nichts erzählen, nur den Peter konnte ich ins Vertrauen ziehen. Das sieht so aus, als ob zu meinen Eltern und meinem Bruder kein rechtes Vertrauensverhältnis bestanden hätte. Aber das war es garnicht. Nur war ich meiner Sache keineswegs sicher und wollte die engere Familie nicht damit belasten. Mir sah es so aus, als ob es zur Studienrätin zwar reichen würde, aber eine Dissertation für ein junges Mädchen wohl doch ein Wagnis sei – jedenfalls in der Mathematik.

Tatsächlich habe ich mich dann auch noch ein paar Wochen von dem Entschluss und dem Thema ferngehalten. Peter konnte zwar nicht mitfahren, aber das Wetter war viel zu verlockend und ich hatte auch ein paar Groschen gespart. Also machte ich mich allein mit dem Fahrrad auf die Reise, so drei oder vier Wochen. In dieser Zeit kann man schon ganz viel von Deutschland sehen, ich besuchte Berlin und Hamburg und alles was so am Weg lag. Übernachtet wurde in Jugendherbergen, gegessen wurde einfach. Wo es passte

Ferienreise

machte ich Besuche oder traf auch Freunde. Zwei meiner Schwestern wurden besucht, diese fütterten mich auf. Natürlich habe ich manche Einzelheiten in Erinnerung, aber diese sollte ich hier wohl nicht aufschreiben.

Besuch in Göttingen Immerhin war ich in diesem August 1936 zum ersten Mal in Göttingen. Nicht daß ich beim Anblick des Städtchens gedacht hätte: „Du musst alle Anstrengungen unternehmen nach Göttingen zu gehen", ich habe immer die Orte hingenommen, an die mich mein Lebensweg führte. Aber gefallen hat mir die Gegend sofort. Es war ein heisser Augusttag. Ich trug Sandalen, Rock und Bluse. Damals gab es noch nichts was Arme und Schultern ganz frei liess, ausser Abendkleidern. Aber ich pflegte die Ärmel mit einem Bändchen hochzubinden. Es war sehr gemütlich die kleineren Landstrassen mit dem Fahrrad entlang zu strampeln, da sie nur von wenigen Autos und Fuhrwerken befahren wurden. Bergauf schob man halt, bergab flog man und der Schwung reichte bis zur Mitte der nächsten Steigung. So fand ich den Harz wunderschön (zumal er damals einsam war) und kam von Herzberg her auf Göttingen zu. Natürlich fuhr ich nicht den Bogen über Weende, sondern fuhr durch den Göttinger Wald, Richtung Rohns. Bevor man zum Rohns kommt, kann man auch heute noch an Lichtungen weit ins Tal und auf Göttingen schauen. Es stehen dort Bänke, seit eh und je, sagen wir 100 Jahre. Vor 50 Jahren war wohl nur ein Viertel von dem bebaut, was heute bebaut ist und das Städtchen sah wunderhübsch aus von der Höhe. Dieses Stückchen Landstrasse liebe ich noch heute, obwohl jetzt sehr viele Autos fahren und Kurven und Bäume die Strasse unübersichtlich machen. Jetzt ist bis zum Rohns am Hang fast alles bebaut, aber gemütlich ist es auch zur Zeit noch. Lange habe ich mich damals nicht in diesem Göttinger Wald aufgehalten, sondern flitzte die Herzberger Landstrasse runter. Mathematische Pietät kannte ich damals noch nicht, ich wollte also nur durchfahren. Mitte Stadt begegnete ich Boehle und Ziegenbein, zwei Assistenten des Mathematischen Instituts. Boehle kannte ich vom Frankfurter Seminar. Die beiden wollten zum Mittagessen gehen und luden mich ein mitzukommen und dann das für damalige Verhältnisse grossartige Math. Institut anzusehen. Es hat sich in den 50 Jahren wenig verändert, ein Haus ist allerdings hinzugekommen. Grosse Schatten lagen 1936 allerdings über diesem Institut! Es war sozusagen „niemand" mehr da, Hilbert war emeritiert und die übrigen Kollegen fast alle bereits in USA. Ein grausamer Wechsel! Jedoch hat sich inzwischen auch mancher Wechsel vollzogen, nur eben langsam und ohne Tragik.

In welcher Jugendherberge ich anschliessend übernachtet habe, weiss ich nicht mehr, jedenfalls fuhr ich nach wenigen Stunden in Göttingen weiter und war sehr bald wieder in Frankfurt. Wie ich mich kenne, habe ich mir am folgenden Tag Siegels Arbeit über quadr. Formen ausgeborgt und sogleich versucht etwas davon zu verstehen. Zunächst freilich ohne Erfolg. An diese Sommerferien 1936, nachdem ich die Radtour hinter mir hatte, erinnere ich mich überhaupt nicht mehr. Jeder Mathematiker weiss, wie diese Situation zu Stande kommt. Man setzt sich eben hin, breitet unbeschriebenes Papier aus, denkt nach, schreibt etwas auf. Nachts denkt man weiter nach. Das tägliche Leben, auch wichtige Ereignisse, finden nur in einem gewissen Abstand statt. Man ist geistesabwesend. Im Deutschen gibt es darüber manche Scherze. Jedenfalls muss ich unheimlich fleissig gewesen sein, das erste Mal in meinem Leben. Der nächsten Umgebung habe ich nichts darüber gesagt, aber meine Mutter hat natürlich gemerkt, daß sich etwas veränderte. Peter merkte es wohl auch, wir gingen abends aus oder nur einfach spazieren. Die übrige Zeit dachte ich an diese quadratischen Formen. Was das ist, wusste ich vorher nur vage. Auch hätte es damals meinen Horizont überstiegen wenn ich einen Beweis von Siegels Hauptsatz studiert hätte. Ich sollte ja gottlob nur das einfachste der vorgeschlagenen Themen behandeln, Beispiele zu dem Satz zu rechnen. In Windeseile war ich also Spezialist für Gausssche Summen und andere Methoden mit denen man da etwas ausrechnen kann. Als das Wintersemester am 1. November begann, hatte ich jedenfalls schon ziemlich viele Rechnungen ausgeführt. Es gehörte auch eine ganze Menge Phantasie dazu, auf die Formeln zu kommen, die man mühsam beweisen konnte. Nun, Phantasie hatte ich ja; junge Mädchen haben immer welche, nur daß sie diese traditionsgemäss nicht für Formeln verwenden. Natürlich nahm ich mir für das Semester ziemlich viel vor, was ich auch bewältigte. Glücklicherweise keine Praktika, aber die theoretische Physik bei Madelung. Ich erinnere mich daran, daß Siegel gerade das Oberseminar leitete und ich teilnahm. Ich glaube, im übrigen hielt er Anfängervorlesung.

Vorarbeiten für die Dissertation

Da es nun doch so aussah, als ob ich es mit dem Dr.-Examen versuchen würde, schaute ich mir die Prüfungsbedingungen an. Da hiess es: Zwei Nebenfächer. Jetzt kann man da Spezialgebiete nehmen, damals mussten es volle Gebiete sein. Also: „Mathematik" als Hauptfach war klar. „Physik" ging als Nebenfach, es war experimentelle und theoretische Physik. Bis dahin war es üblich für Promotion in Mathematik. Das zweite Nebenfach war fraglich. Astronomie hätte es sein können, aber ich kannte nur hübsche Sternbilder und eindrucksvolle einzelne Sterne, hatte aber nie Theo-

Nebenfächer

rie oder Praktikum gemacht. Ich versuchte es mit Zoologie, aber die verlangten ein ganztägiges Praktikum. Ebenso die Botanik. Mit Chemie hatte ich nie begonnen, und dort wurden sicher noch mehr Praktika verlangt. Blieb also die andere, die geisteswissenschaftliche Fakultät. In der Kunstgeschichte wäre es wohl gegangen, aber da hatte inzwischen der Ordinarius gewechselt (andere Leute durften damals ohnehin nicht prüfen) und der Nachfolger gefiel mir garnicht. Es war so ein Kunstprofessor, der die Damen *Philosophie* faszinierte. Blieb die Philosophie. Vorlesungen hatte ich da immer schon gehört, in Mengen. Und schliesslich wollte ich ja nur Dr-Examen machen und nicht für die Änderung von Prüfungsbestimmungen auf die Barrikaden steigen. Der Philosophieordinarius hatte während meiner Marburger Zeit auch gewechselt – aber der Neue gefiel mir sehr gut. Von Hause aus war er Arzt und fuhr in den Ferien auch immer noch als Schiffsarzt. Zur Philosophie hatte er gewechselt weil es inzwischen die Existenzphilosophie gab. Ich ging also in seine erste Vorlesung und hinterher zu ihm persönlich, um ihn zu fragen was er für Dr-Examen, Nebenfach, „verlange". Er hingegen fragte: „Was ist Ihr Hauptfach"? Als ich es ihm sagte, meinte er „Da haben Sie ja denken gelernt." Damit war die Sache bis auf Einzelheiten klar. Ich besuchte seine Vorlesung und sein Seminar über Heidegger. Das hat mir nichts geschadet, sondern sicher dazu beigetragen, daß ich mich mein Leben lang nicht langweilen werde. Geprüft werden sollte ich dann über Logik und Kants „Reine Vernunft". Nicht gerade bescheiden, aber warum sollte man als junges Mädchen hinsichtlich der Philosophie bescheiden sein.

Es muss schon ziemlich viel gewesen sein, was ich mir im Hinblick auf das mündliche Dr.-Examen für das W.S. 1936/37 vorgenommen hatte. Hinzu kamen Pflichtveranstaltungen, ich erinnere *Morse-Kurs* mich da an einen Morse-Kurs, der zweimal wöchentlich in Sachsenhausen stattfand. Man hatte einen ganzen Weg mit dem Fahrrad zu fahren, ausserdem war der Kurs gegen Abend. Und das Morse-Alphabet konnte ich nicht einmal 50 Jahre in meinem Kopf speichern – keinen Buchstaben ausser e.

Mit meinen Rechnungen zur Dissertation war ich noch nicht fertig. Mir fehlten einige kompliziertere Fälle, ausserdem musste in *Ein Fehler* meinen Rechnungen modulo 2^n ein Fehler stecken. Die Anzahlen, *modulo 2^n* die ich direkt ausrechnete stimmten nicht überein mit jenen, die ich über Gausssche Summen ausrechnete. Eine ganze Zeit lang brütete ich hierüber bis ich mich entschloss den Siegel zu fragen. Zwar traf ich ihn im Seminar, er sagte gelegentlich auch „wie gehts?" und ich antwortete „danke gut". Studenten kamen mit ihm eigentlich nicht zu einem so ausführlichen Gespräch; wenn sie grüssten, grüsste er zurück, mehr nicht. Einmal allerdings hatte ich im Vorbeigehen ein ausführlicheres Gespräch. Man hatte mir ein kleines Zimmer im Seminargebäude (eine alte Villa, Ecke Bodemheimerlandstr.) angewiesen, mit Doppelfenstern, in denen sich einige Stubenfliegen anschickten zu überwintern. Ich konnte mir nicht denken, daß sie von altem Staub allein leben könnten, sodaß ich gelegentlich einige Krümel zum Überwintern beisteuerte. So traf ich einmal eben Siegel morgens früh auf der Treppe. Er ging rauf, ich ging runter, und er sagte doch tatsächlich mehrere, ganz belanglose Worte: „Was tun Sie denn schon hier". Ich antwortete wahrheitsgemäss „Fliegen füttern". In diesem Moment war ich schon an ihm vorbei. Irgend etwas sagte er noch, „ach so" oder „hm", ich weiss es nicht mehr. Jedenfalls war das für mich ein denkwürdiger Tag. Zwar quasselte ich den ganzen Tag mit jemandem, wenn nicht gerade Vorlesung war und man – anders als heutzutage – den Mund halten musste. Aber zwei ganz gewöhnliche Sätze mit Siegel zu wechseln, war schon ein Erlebnis.

Fliegen füttern

Meinen Fehler bei den Gaussschen Summen wollte ich nicht in die Weihnachtsferien mitnehmen, also entschloss ich mich, nach einem von Siegels Seminaren den Assistenten Schneider zu bitten mich bei Siegel anzumelden. Natürlich traute ich mich nicht an seiner Tür anzuklopfen. Meine Zettel mit den Gaussschen Summen hatte ich parat. Aber Schneider teilte mir mit, ich solle nachmittags um eine bestimmte Zeit in seine Wohnung kommen. Seine Adresse war zwar geheim, Schneider durfte sie mir aber sagen. Strasse und Hausnummer habe ich vergessen, es war eine moderne aber nicht ausgefallene oder luxuriöse Wohnung, ziemlich unpersönlich und viel zu sauber und aufgeräumt. So hat er sich, wie ich später bemerkte, immer eingerichtet.

Besuch bei Siegel

Dieser denkwürdige Nachmittag sah vorher für beide Teile sehr verschieden aus. Ich hatte grosse Bedenken mich zu vorlaut zu benehmen und die Hoffnung, daß er meinen Fehler findet. Der Fehler hatte für mich viel mehr Bedeutung als Siegels Person, denn in dieser Hinsicht genügte es mir durchaus ihn in der Ferne zu haben. Schliesslich war ich 22, er gegen 40, wir lebten in getrennten Welten und ich war nicht neugierig einen schwierigen Menschen näher kennen zu lernen. Er aber war vielleicht einsam. Kontakt mit Kollegen hatte er, herzlich aber doch irgendwie entfernt. Das galt auch für seine Eltern. Näheren Kontakt hatte er wohl damals nur mit Betty. Gewöhnlich kam sie zum Wochenende und er verreiste mit ihr in den Ferien. Aber es war kein gemeinsamer Haushalt. Ich wusste das damals noch nicht, aber dem Haushalt merkte man es eben an.

Welche Vorstellung er dabei hatte meinen Fehler nicht in seinem Institutszimmer sondern in seiner Wohnung zu suchen? Wir haben nie darüber gesprochen. Nur erwähnte er sehr viel später, er sei enttäuscht gewesen, weil ich so rasch wieder gegangen sei. Also doch Einsamkeit?

Jedenfalls wollte er auch ein bischen schauspielern, was er bei guter Laune sehr gern tat. Seine Wohnung hatte nicht nur eine Eingangstür sondern auch eine Klappe, durch die man herausschauen konnte. Ich klingelte. Nach einiger Zeit erschien sein Gesicht in der Klappe und er sagte: „Was tun Sie denn hier." Nachdem ich eine Erklärung abgegeben hatte und er sie mit „das hatte ich ganz vergessen!" kommentiert hatte, öffnete er die Tür. Auch dann kam etwas unerwartetes. Die Küchentür stand offen und er sagte „Kochen Sie bitte Kaffee", worauf er ins Zimmer verschwand und die Tür schloss. Kaffee-Kochen war weder meine Stärke, noch in diesem Moment meine Intention. Es stand auch in der Küche nichts herum als der Wasserkessel. Also begnügte auch ich mich damit herumzustehen. Nach einiger Zeit erschien Siegel wieder mit dem freundlich ausgesprochenen Satz „Kaffeekochen können Sie also auch nicht". Dann betätigte er sich selbst und es gab bald Kaffee und sehr viel Torte. Jahre später haben wir regelmässig zusammen gekocht, er das Fleisch, ich das übrige.

Viel haben wir wohl nicht beim Kaffee geredet, wir sassen bald vorm Fenster am Schreibtisch, er im Sessel, ich auf einem Stuhl. Er hatte kaum die Lesebrille auf der Nase, da fand er schon den Fehler – natürlich eine zwei in der Gaussschen Summe. Er lachte, ich kam mir blöd vor. Also war alles erfreulich. Und ich stand auch sogleich auf. Ich wolle ihn nicht weiter aufhalten und müsse ja auch nach Sachsenhausen zu meinem Morse-Kurs. Ich sagte „Schönen Dank, auf Wiedersehen". Er jedoch hatte für mich noch zum Abendessen eingekauft. Er muss sich tatsächlich einsam gefühlt haben – wahrscheinlich den grössten Teil seines Lebens und nicht nur als ich weglief zum Morseunterricht.

Vertrautheit auf Abstand

Von diesem Zeitpunkt ab entwickelte sich zwischen uns eine gewisse Vertrautheit auf Abstand, so wie sie anschliessend zunächst auch blieb. Meine Studienfreundinnen mögen sich gewundert haben, gesagt haben sie nichts. Wenn Siegel mich sah, im Seminar oder in der Nähe auf der Strasse, fragte er ob ich weiterkäme. Gelegentlich sagte ich mit einem Satz wie weit ich wäre. Viele Leute, Kollegen und andere, fanden den Siegel stets merkwürdig und im Umgang schwierig. Er war halt sehr gehemmt und kontaktschwach. Aber es gab durchaus Menschen und Situationen mit denen er ganz normal umgehen konnte. Für uns hat wohl auch das

Lehrer-Schülerin-Verhältnis den Umgang erleichtert, er war geistig überlegen, ich im Ausgleich dazu jung.

Fehler hatte ich keinen nennenswerten mehr in meinen Rechnungen. Nach dem letzten Seminar vor Weihnachten lud Siegel mich dazu ein mit ihm Essen zu gehen, ich könne ihm ja unterwegs erzählen wie weit ich mit meiner Arbeit sei. Wir gingen in ein sehr gutes Restaurant, tranken auch ein Glas Wein zum Essen. Vor der Restaurant-Tür trennten wir uns dann wieder und ich lief sehr vergnügt nach Hause, da er gesagt hatte, nun könne ich anfangen meine Arbeit aufzuschreiben. – Bevor wir in das Restaurant gingen, waren wir in einem Reisebüro, bei dem Siegel Fahrkarten bestellt hatte, zwei natürlich, für Betty und sich selbst. Er wollte abends noch in die Schweiz fahren um dort mit ihr über Weihnachten und Neujahr zu bleiben. Wie immer hatte er Zimmer in einem der besten Hotels an einem der grossartigsten Orte bestellt, wovon er mir damals natürlich nichts erzählte. Aber er muss etwas wie „Würden Sie nicht auch gern in die Schweiz reisen?" gesagt haben. Später meinte er, meine Antwort habe ihn erstaunt, denn sie lautete nur „Wenn ich älter bin, werde ich wohl auch reisen". Tatsächlich hatte ich ja anderes im Kopf, meine Antwort war also ganz folgerichtig, nur eben für den Siegel verwunderlich, da Reisen sehr viel für ihn bedeutete. Wahrscheinlich weil er eben doch kein richtiges Zuhause hatte. Ich hingegen reiste, auch später, wenn es sich so passte. Unterwegs war ich viel. Von 6 Kindern verschickt man immer gern einige. In den Schulferien war ich also häufig bei Verwandten oder Bekannten. Mit 8 Jahren war ich das erste Mal kinderlandverschickt nach Holland. Schliesslich war ich mit Peter und Fahrrad unterwegs gewesen. Und vor allem hatte ich 1936 ein Zuhause in dem ich mich wohlfühlte. Sogar an den Feiertagen und sogar mit 22 Jahren.

14. April, 1983.

Die Dissertation

Ob man heute noch ein Handgeschriebenes Manuskript bei einer Zeitschrift los wird, weiss ich nicht. Bis 1945 jedenfalls war es üblich alles mit der Hand zu schreiben. Ich musste mir also für die Dissertation eine ordentliche Schrift angewöhnen und auch die Rechtschreiberegeln anwenden. Insbesondere mussten die Hauptworte grossgeschrieben werden! Warum nur musste man so rasch erwachsen werden? Diese Frage ist für Studenten heutzutage natürlich noch gravierender als damals. Geglückt ist mir die Sache jedenfalls. Die Dissertation wurde mühevoll sehr schön geschrieben und konnte in dieser Form bei einer Zeitschrift eingereicht werden, Crelles Journal. So konnte ich auch die Druckkosten sparen, die damals für Dissertationen ziemlich hoch waren. Natürlich half ich meiner Mutter auch bei Weihnachtsvorbereitungen, stritt um Kleinigkeiten mit meinem Bruder wie es sich gehört, und lief abends mit Peter durch die Stadt. Aber ich fing auch mit dem Aufschreiben der Dissertation an, in Schönschrift.

Fastnacht   Januar und Februar waren damals, wie wahrscheinlich auch noch heutzutage, in Frankfurt Fastnachtsveranstaltungen. Sie bestanden dort meist in Tanzveranstaltungen, zu denen man sich lustig anzog. In der letzten Woche vor Aschermittwoch ging man dann „maskiert", nicht die Männer, aber die Frauen trugen Masken über Augen und Nase, sodaß man manche fast nicht erkannte. Kleidung war freibleibend, aber so viel Haut wie heutzutage wurde nicht gezeigt. Ich erinnere mich immerhin daran, auf einem Künstlerkostümfest zusammen mit einem Freund dessen Angebetete gesucht zu haben, Steckbrief: Nachthemd mit Veilchensträusschen, nichts darunter. Daß ich – freilich mit Peter – zu den Künstlerfesten ging war nicht verwunderlich. Unsere Freunde schrieben und malten. Mich haben sie oft porträtiert, aber Leinwand war teuer und wurde anschliessend so übermalt, daß sich ein Käufer fand. Es gibt aus dieser Zeit von mir nur noch eine Bleistiftzeichnung. Diese gefiel meiner Mutter so gut, daß sie sie rahmen liess. Sie hängt noch in meiner Göttinger Wohnung.

Fassnacht wurde also auch 1937 von mir gebührend festlich begangen, trotz der drohender werdenden politischen Verhältnisse, der zu schreibenden Dissertation und der zeitaufwendigen Nebenfächer. Fastnachtdienstag ging ich braun bemalt, Aschermittwoch hatte ich einen Seminarvortrag im Siegelschen Seminar. Mit 22 ist man doch erstaunlich leistungsfähig! Da kann man die Nacht handfest flirten, tanzen, dabei an Formeln denken die man am nächsten Tag vorträgt. Für mich gab es nur die Schwierigkeit im Morgengrauen die braune Farbe an der Stirn weg zu bekommen, dort wo die Haare ansetzten. Siegel schaute mich während des Vortrags so genau an, daß ihm die Farbe auffiel – und auch eine viel zu kompliziert vorgeführte Stelle eines Beweises. Er sagte es mir hinterher, aber sehr wohlwollend.

März, April waren dann wieder Semesterferien und ich schrieb und schrieb an der Dissertation und rechnete immer wieder Einzelheiten nach. Es gab zwei Termine zu denen man für ein Semester Dissertationen einreichen konnte. Dann gab es zwei Termine an *Mündliches*   denen die mündlichen Examina in der Fakultät stattfanden. Den *Doktorexamen*   ersten Termin schaffte ich nicht, aber den zweiten. Das hiess also, im Juni in das mündliche Dr-Examen einzusteigen. Es fand an einem Nachmittag statt, zwei Stunden lang. Der Dekan war anwesend und diejenigen Ordinarien, die Kandidaten hatten. Wer nur im Nebenfach prüfte, kam nur zu der einzelnen Prüfung und entschwand dann wieder.

17.4.83

Daß man in einem Dr-Examen, wenn die Arbeit in Ordnung ist, eigentlich garnicht durchfallen kann, wusste ich nicht. Also sagte ich zuhause nichts von dem Termin. Meiner Mutter, die immer alles merkte, fiel es auf, daß ich beim Mittagessen nervös war. Das kam selten vor, eigentlich nur bevor ich „meine Tage" bekam. Nach dem Mittagessen schwang ich mich auf mein Fahrrad, angezogen wie an jedem Sommertag. Den Peter hatte ich verständigt, wir waren in der Nähe der Universität verabredet. Siegel hatte mich für den Abend zum Essen bei sich zuhause eingeladen. Grosse Ehre, er würde für mich zur Feier des Tages kochen. Was aber vorher kam war nicht feierlich, und das Essen nur bedingt feierlich. Wir waren 10 bis 12 Kandidaten, 3 Mädels darunter. Jedem Kandidaten war ein Zimmer und ein Beisitzer zugeordnet worden. Mein Beisitzer war Magnus, worüber ich sehr glücklich war weil ich ihn ja kannte und er einer der liebenswürdigsten Menschen war, die ich je kennen gelernt habe. Vor dem Zimmer befand sich eine Bank. Auf dieser sass Peter, bewaffnet mit Schokolade. Mit Physik ging es los, da wusste ich garnichts. Die erste Frage: „Warum ist der Stuhl so schön kühl?" (es war ein Ledersessel) warf mich vollständig um. Auf die Antwort „Wärmekapazität" kam ich nicht, sondern riet „Wärmeleitung". Dann kam „Wie sieht es aus, wenn man eine Taschenlampen-Batterie aufschneidet", konnte mir nur ein „das habe ich noch nie getan" entlocken. Bei Formeln ging es besser, aber was nutzte das schon? Nach der halben Stunde stürzte ich aus dem Zimmer und heulte, denn die Tränen hatte ich bis dahin nur mühsam zurückgehalten. „Peter, es nutzt nix, lass uns hier weg gehen", war mein Kommentar. Aber Peter hielt mich fest auf der Bank, während der Physikprofessor entschwand. Ich bekam Schokolade zur Beruhigung und stieg dann etwas gefasst in die Philosophie. Die ging prächtig, weil der gute Mann es verstand keine Frage zu stellen, auf die ich nicht eine schlagfertige Antwort hatte. Nach dieser Prüfung wollte ich nicht mehr flüchten, trotz meiner grossen Angst mich bei Siegel und Magnus in der so heiss geliebten Mathematik zu blamieren – was ja sehr leicht passiert. Na, es ging. Von den Noten, die man so bekommen konnte, hatte ich wenig Ahnung, Hauptsache man bestand. Wir bemerkten, daß Magnus zu einem Telefon eilte, und wieder sagte ich zu Peter „Peter es nutzt nix, lass uns hier weg gehen". Es dauerte dann noch einige Zeit, Peter liess mich nicht weg-

In Physik

In Philosophie

In Mathematik

Summa cum laude

Abend bei Siegel

laufen, dann wurden sämtliche Kandidaten in ein Sitzungszimmer gebeten, in dem der Dekan und die für uns zuständigen Professoren anwesend waren. Der Dekan hielt eine kleine Rede, und siehe da, ich hatte am besten abgeschnitten. In dieser Sekunde, als „Summa cum laude" gesagt wurde, hat sich wohl sehr viel für mein folgendes Leben entschieden. Zum Schluss bekam man gesagt, daß man den Titel noch nicht führen dürfe. Daran lag mir auch nichts, denn ich sah immer noch wie ein Schulmädchen aus, und kein Mensch würde zu mir „Fräulein Doktor" sagen. Man bekam aber einen kleinen Zettel auf dem Name, Datum und Note vermerkt waren. Nach ein paar Glückstränen und einem raschen Abschied von Peter, radelte ich nach Hause. Zeit hatte ich wenig, meine Eltern waren ausgegangen, meine Patentante Helene, die zu dieser Zeit unserem Haushalt angehörte, bekam von mir eingeschärft meinem Vater zu sagen, ich habe ihm einen Zettel auf den Schreibtisch gelegt und käme spät nach Hause. Sie ist auch brav auf geblieben und hat es dem Vater ausgerichtet. Seine Reaktion war: „Wenn meine Tochter mir einen Zettel auf den Schreibtisch legt, so hat dieser bis morgen früh Zeit."

Den Abend bei Siegel könnte ich in hundert Jahren nicht vergessen, was sind dagegen nur 45 Jahre? Ich war bereits 23, er war 40 – sein Geburtstag war der 31. Dezember – wir waren nicht liiert, aber in vieler Weise doch schon recht vertraut mit einander. Er dachte sich andauernd etwas aus, nette und viel weniger nette Scherze, und ich wartete darauf, auch auf die weniger netten. Mir hat das sehr imponiert, denn die übrigen Männer meiner Umgebung, Vater, Bruder, Freunde erschienen dagegen viel zu bieder und solide. Als unternehmendes junges Mädchen bricht man da gerne aus.

Dieser Abend ist sicher so verlaufen, wie es bei Siegel üblich war, wenn er einen einzelnen, jüngeren Gast hatte. Ich weiss, daß Schneider ähnliche Erinnerungen hat. Als ich, pünktlich versteht sich, eintraf, war zunächst die Küche der Schauplatz der Ereignisse. Es stand ein grosser Karton auf dem Küchentisch, den ich öffnen sollte. Ein Schreck, raus krabbelten Krebse, so viele, daß wir sie später kaum aufessen konnten. Die Scheren waren zwar abgebunden, aber laufen konnten die Tiere. Aus dem zoologischen Kurs war ich zwar vertraut mit Krebsen, wir hatten welche zerschnibbelt, weil sie so interessant gebaut sind; sie waren jedoch tot. Diese hier jedoch bevölkerten die Küche und sollten gekocht werden. So gern wollte ich wieder nach Hause! Siegel freute sich kindisch, weil seine Überraschung so wunderbar geglückt war. Alles was wir sonst noch brauchten stand bereit, der Sekt stand kühl, es war ein roter, genau zu den Krebsen passender Sekt. Schliesslich waren die Tiere im Kochtopf und bald gar. – Viel später, in Bombay, habe ich mir häufig prawns gekocht, aber eben nur die Schwänze gekauft. Dann ist die Sache viel harmloser und man hat bei Tisch weniger Pulerei. – Es vergingen also Stunden bis die Tiere dann beseitigt waren, kleiner Teil davon in unseren Mägen, Bergeweise Abfall im Mülleimer. Während des Essens ging es so zu als ob ich gerade im Examen durchgefallen wäre. Freilich hatte mich die gute Note weniger begeistern können, als mich die falsch beantworteten Fragen entsetzten. Mein persönliches Selbstvertrauen war zwar erheblich gross, an meinen geistigen Fähigkeiten zweifelte ich jedoch damals wie heute. Siegel hatte das sehr rasch rausgefunden. So bald ich also anfing zu lächeln, wurde wieder von dem kühlen Ledersessel gesprochen und ich war dem Weinen nah. Auch bekam ich gesagt, wie diese gute Note überhaupt zu Stand gekommen war. Der Physiker hatte nachträglich die Note heraufgesetzt, weil ich ihm ein Jahr lang die Rechenfehler an der Tafel verbessert hätte. Und die gute Note für die Dissertation selbst verdanke ich einer viel zu gut bewerteten Dissertation einer anderen jungen Dame aus der Astronomie. Siegel meinte sicher nicht, ich wäre zu gut beurteilt worden – er hätte sonst bestimmt mir andere Noten gegeben – aber er hielt es wohl für erzieherisch mir beizubringen, ich solle nicht übermütig werden. Es war also ganz gut, daß da bei Krebsen und Sekt nicht nur gefeiert wurde.

Zu-Stande-Kommen der Note

19. April 1983

Später habe ich oft bedauert, bereits im neunten Semester Examen gemacht zu haben. Aber es wäre schwierig gewesen länger zu studieren. Die finanzielle Seite war nicht so ausschlaggebend. Mein Bruder war bereits dabei in Weilburg sein erstes Volksschullehrer-Examen zu machen und anschliessend würde er etwas als Referendar verdienen. Da ich im elterlichen Haushalt leben konnte, wurde für mich nicht viel benötigt. Jedoch war mein Vater bereits 1870 geboren, unsere jüdische Schule hatte grosse Schwierigkeiten 1937 den Betrieb noch einigermassen aufrecht zu erhalten. Es war ja eine private Schule, die vom Schulgeld ihrer Schüler und Zuschüssen der jüdischen Gemeinde finanziert wurde, mein Vater musste also mit einer winzigen Pension ausscheiden. Hinzu kam, daß die Frankfurter „Studentenschaft" – die NS-Organisation der Studenten – mir durchaus übel gesonnen war.

Examen im neunten Semester

Am Mathematischen Seminar hatte sich inzwischen viel verändert, da Dehn und Hellinger auf Grund der Nürnberger Gesetze ihr Amt verloren hatten. Einer der zwei Lehrstühle blieb zunächst unbesetzt, dann bekam ihn so viel ich mich erinnere Threlfall. Den an-

Veränderungen am Seminar

deren Lehrstuhl bekam Aumann. Es kann auch sein, daß zunächst nur Aumann berufen wurde, und Threlfall erst als Nachfolger von Siegel nach Frankfurt kam. So war also nicht Hellinger Koreferent bei meiner Dissertation, sondern Aumann. Ich habe Hellinger noch manchmal besucht, bis 1939, als er nach USA auswanderte. Siegel versuchte Dehn und Hellinger wenigstens noch an den Kolloquien teilnehmen zu lassen. Es gehörte immer mehr Mut dazu, Kontakt mit jüdischen Kollegen aufrecht zu erhalten. Mit Dehn hatte ich ohnehin wenig persönlichen Kontakt bekommen. Hellinger jedoch lag mir sehr. Wie sollte alles werden?

Der praktische Siegel

Auch wenn man nicht immer diesen Eindruck hatte: Siegel war wenn nötig ein praktischer Mensch. Er reichte, sofort nachdem ich das Examen bestanden hatte, einen Antrag für ein Forschungsstipendium ein. Der wurde in ein paar Monaten entschieden. Ausserdem schlug er mir vor, im September auf der DMV-Tagung (Deutsche Mathematiker Vereinigung) vorzutragen, diese war – damals jedenfalls – unser Stellenmarkt. „Wenn Sie weiter so tüchtig sind, wird sich schon etwas Passendes für Sie finden", sagte Siegel. Und meine Eltern meinten: „Wenn Dein Herz daran hängt, tue was Du denkst. Du kannst bei uns im Haushalt bleiben." Ich habe nicht viel darüber nachgedacht, und versucht „tüchtig" zu sein. Die Nebenfächer hatte ich nun hinter mir und stürzte mich auf Quadratische Formen und Modulfunktionen. Zunächst galt es, die Siegelschen Arbeiten zu diesem Gebiet einigermassen zu verstehen, eine Beschäftigung die mir grossen Spass machte.

DMV-Tagung 1937

Die DMV-Tagung fand damals noch zusammen mit der Physiker Tagung statt, 1937 war sie in Bad Kreuznach. Daß ich da einen guten Start haben würde, war mir nicht von vornherein klar, man kann selbst seine Lage ja nie richtig einschätzen. Aber ich war ja nun mal weiblich, dazu noch Schülerin von Siegel. Das gabs nur einmal, und mit dem Schlagerlied zu reden: das kam auch nicht wieder. Lustig war ich auch. Damals gab es bei solchen Tagungen fast jeden Abend ein Fest. Auf alle Fälle auch einen Ball. Die jungen Leute tanzten mit den Professorenfrauen und -Töchtern. Als „Kollegin" hatte ich da natürlich einen Sonderstatus. Es gab, wie eh und je, junge Mathematiker, die nicht tanzten. Aber ich lernte in Kreuznach beim Tanzen doch ungefähr alle deutschen Kollegen kennen, die etwas älter als ich und noch unverheiratet waren. Jedenfalls hatte ich auch noch so viele Jungmädchen-Träume über die Dissertation hinweg gerettet, daß es mir nur darauf ankam, wie gut ich mich mit einem jungen Mann amüsieren konnte. Wenn er klug war, störte es mich zwar nicht, aber so ganz wichtig fand ich es nicht. Diese Tagung hat mir zwar keine Assistentenstelle, aber manche Freundschaft fürs Leben eingebracht.

Mai 83

In diesem Herbst 1937 war Siegel in schlechter Stimmung. Er hatte seine Eltern besucht; sein Vater starb so viel ich mich erinnere erst im Sommer 38 (vielleicht 39) nach einem Schlaganfall, den er nur sehr kurz überlebte. Vorher war er nicht krank gewesen. Aber die politischen Ereignisse und deren Folgen bedrückten Siegel sehr. Zwar dachten wir immer noch, daß dieses „tausendjährige Reich" rasch zu Ende gehen müsse, aber in dieser Zeit vor dem Krieg, liefen sich alle Scheusslichkeiten ein und das drang massiv in Siegels Welt ein in Zusammenhang mit Dehn und Hellinger. Mit den Nachfolgern kam er zwar aus, hatte aber zu ihnen keine Beziehungen. Seine Freundin Betty war nicht mehr in Mannheim, sondern wegen schlechter Gesundheit im Sanatorium und später bei ihrer Familie in Schweden. Im Seminar blieben für Siegel nur Magnus, Moufang, Schneider – und ich, mit denen er reden konnte. Er schloss sich eher mir an als umgekehrt (denn ich hatte ja die Familie und den Peter und auch neuerdings die Beziehungen zu jüngeren Kollegen), wahrscheinlich weil ich eben jung und von Natur heiter war. Er lud mich ein, insbesondere zu Wanderungen, die er zuvor meist mit Betty gemacht hatte. Er genoss es wohl auch, bewundert zu werden. Da konnte er stundenlang über die ζ-Funktion reden, die ihn stets faszinierte, und er war sicher eine aufmerksame Zuhörerin gefunden zu haben. Und wenn ich anschliessend nicht wiederholen konnte, hatte er auch den Genuss mir Vorhaltungen zu machen. Wenn man gut miteinander auskommt, sind solche Dinge angenehm und erholsam. Kritisch wird es erst, wenn man sich „auseinandergelebt" hat. In dieser Zeit verstanden wir uns sehr gut. Zwar lief ich stundenlang weit hinterher da mir solche Märsche an sich nicht lagen und ich lieber im Gras gelegen und Blümchen und Käferchen bewundert hätte, aber in der übrigen Zeit gab es viele Gespräche, auch nichtmathematische. Um mich ging es nicht, er sprach jedoch viel von seinem Leben. Und da ging es ihm viel weniger um seine mathematischen Leistungen und deren Auswirkungen, als um seine Jugend und seine Freundschaften. So erfuhr ich alles über ihn, was ich aufgeschrieben habe. Es war zwar das Bild, das sich ein 40-jähriger von seinem bisherigen Leben macht, und das ja garnicht neutral sein kann. Aber dieses Bild war auch nicht verzerrt, es zeigte nur die Widersprüche, die in ihm steckten, und an denen er sehr gelitten hat. Die Geschichte über Bessel-Hagens Habilitationsschrift zum Beispiel erzählte er durchaus genüsslich und zugleich sentimental.

Politische Sorgen

Wanderungen mit Siegel

Rein äusserlich waren unsere Wanderungen teils trivial, teils ereignisreich. Ich war zwar der sportlichere Partner, aber Wandern lag ihm mehr als mir. Ich lief mir leicht die Füsse wund, mir flogen Bienen und Wespen ins blonde Haar und die Stiche entzündeten sich gefährlich. Ich konnte auch nicht verstehen, daß man sich unnützerweise das Leben schwer macht. Freilich, wenn das Geld gefehlt hätte! Aber das fehlte ja nicht. Abends wollte Siegel sehr gut essen und schlafen, und das war dann sehr teuer. Aber für tagsüber sollte man alles im Rucksack mitschleppen. Er hatte da so das merkwürdige Gefühl: Es sollte nicht zu angenehm sein, sozusagen damit die Götter nicht zürnten. Dafür hatte ich wenig Verständnis, ich versuchte nur, mich diesen Schrullen anzupassen. Schliesslich waren es nur Tage. Einen gemeinsamen Haushalt hätte ich nie durchstehen können.

Überhaupt war diese Zeit unmittelbar nach meiner Promotion nicht leicht durchzustehen. Es brach zu vieles auseinander, hauptsächlich wegen der immer aufregender werdenden politischen Situation. Siegel meinte es in Frankfurt nicht mehr aushalten zu können. Er hatte offenbar immer Zeiten in denen er unbedingt den Ort wechseln musste. Allerdings hat er die letzten 30 Jahre seines langen Lebens, bis auf Ferien und Vorlesungsreisen, in Göttingen verbracht. In diesen Jahren habe ich ihn nicht mehr gesehen, aber ich kann mir nicht vorstellen, wie er das ausgehalten hat. Kollegen sagten mir, daß er häufig Depressionen hatte – kein Wunder!

In früheren Zeiten versprach sich Siegel stets viel von einem Ortswechsel, er sah nie hin was ihn erwartete, er sah nur den augenblicklichen Zustand, den er glaubte nicht mehr ertragen zu können. In Göttingen war 1937 eine Stelle nur Gastweise mit Nevanlinna besetzt. Siegel war bereits im Sommer-Semester 1937 nach Göttingen gefahren und hatte mit Hasse und Nevanlinna gesprochen. Er bekam dann einen Ruf und trat im Januar 1938 seine Stelle in Göttingen an, sozusagen überstürzt.

Ruf nach Göttingen

Forschungsstipendium in Göttingen

Ich sass meist da und rechnete an quadratischen Formen herum, Modulfunktionen lernte ich auch gerade; wann das Forschungsstipendium bewilligt wurde, weiss ich nicht mehr, es kam irgendwann rückwirkend. Ich weiss auch garnicht genau, wann ich selbst nach Göttingen ging. Die Ferien verbrachte ich sowieso in Frankfurt bei meinen Eltern, immerhin waren das 5 Monate im Jahr. In Göttingen hatte ich kurzfristig eine Hilfsassistentenstelle und schrieb Siegels Vorlesung über Himmelsmechanik mit, es war der erste Anfang für sein späteres Buch. Nachdem ich das Forschungsstipendium bewilligt bekommen hatte, machte ich mir auch keine Sorgen um den Lebensunterhalt und nahm mir ein Zimmer in Göttingen.

Eine Studentenbude, im Stegemühlenweg 10, ganz nah beim Mathematischen Institut.

Wie sah es Anfang 1938 am Math. Institut in Göttingen aus? *Göttingen 1938*
Äusserlich wie zuvor. Da war der Hausmeister und Buchbinder Paul, der von Courant angestellt worden war. Es gab einen Sekretär, und ich weiss nicht ob der Inhaber dieser Stelle zwischen 1933 und 1938 gewechselt hatte. Im Lesesaal sassen wie zuvor die Drachen, ältere Damen, 6 etwa, die einander abwechselten, die auch noch von Courant eingestellt worden waren. Aber sonst sah es anders aus! Die Ordinarien waren emigriert und nach politisch wirren Jahren war Hasse gekommen. Ich glaube nur die Assistenten Teichmüller und Witt waren geblieben, Teichmüller war stets da, ich habe um ihn immer einen grossen Bogen gemacht, Witt arbeitete nur nachts, man sah ihn also nie. Ich war vielleicht bereits ein Jahr in Göttingen als ich Witt kennenlernte, anlässlich eines Kolloquiums in dem Arnold Scholz vortrug, mit dem ich von Kreuznach her befreundet war. Neben Hasse und Siegel waren Herglotz und Kaluza Ordinarien, Herglotz seit vielen Jahren, Kaluza erst sehr kurz. Herglotz war zwar die ganzen Jahrzehnte mathematisch ein grosses Plus für Göttingen, er hielt wunderschöne Vorlesungen und hatte sehr wenige, aber sehr gescheite Schüler (Artin, Witt). Aber wie das so oft bei genialen Leuten geht, mit Verwaltung und Organisation wollte er nichts zu tun haben. Das war zu Courants Zeit auch nicht nötig und nach 1935 übernahm es Hasse. Natürlich hätte Herglotz in dieser Zeit auch nichts tun können, die Dinge wurden ja von der Politik bestimmt und so weit er etwas tun konnte – etwa bei Berufungen oder Besetzung von Assistentenstellen – hat er es getan. Auch Eichler wurde in dieser Zeit Assistent. Man versuchte auch Hlawka nach Göttingen zu holen, aber der blieb lieber in Wien. Die nächsten frei werdenden Assistentenstellen bekamen Schneider und ich. Das Institut hatte auch eine Oberassistentenstelle, der Inhaber war für die Bibliothek zuständig. Damals hatte Rohrbach diese Stelle. Wie viele Studenten es in der Mathematik damals in Göttingen gab, habe ich nicht mehr in Erinnerung, jedenfalls reichte der grosse Hörsaal für die Anfängervorlesung aus. Recht gut befreundet war ich mit Pierre Humbert, einem Schüler *Pierre Humbert* von de Rham, der 1938 nach Göttingen gekommen war um bei Siegel zu promovieren (Reduktion quadr. Formen in Zahlkörpern). Wir besuchten die Vorlesungen von Herglotz und Siegel. Ich weiss nicht mehr, ob es im Sommer 1938 oder 1939 war, als Siegel von 8 bis 9 Uhr morgens (das tat er besonders gern) eine Vorlesung über analytische Zahlentheorie hielt. Jedenfalls habe ich diese Göttinger Sommer als richtige Sommer in Erinnerung, denn Pierre und

ich gingen nach der Siegel-Vorlesung im Hainberg spazieren. Das kann wunderschön sein, wenn man jung und zu zweit ist. Und damals gab es ja auch noch richtige Wiesen mit Käfern und Blumen. Himmelsschlüssel und etwas später Margeriten gab es in grossen Mengen, man konnte sie ruhig pflücken. Natürlich auch die Vergissmeinnicht. Wenn ich heute dort gehe, gibt es nur noch wenig dieser Blumen, hübsch ist es natürlich immer noch. Und ich selbst habe mich bestimmt in den 50 Jahren mehr verändert als der Hainberg. Eines habe ich beibehalten: Ich suche und finde stets noch vierblättrigen Klee.

Nicht nur auf dem Hainberg ging ich mit Humbert spazieren. Wir besuchten auch zusammen das Schwimmbad. Damals gab es nur dieses eine Sommerbad. Es ist nicht weit vom Mathematischen Institut entfernt. Hasse konnte man dort antreffen, Herglotz und Siegel natürlich nie. Man erzählte noch Geschichten darüber, daß Fräulein Noether häufig im Sommer schwimmen gegangen sei. Und ich fing an es sehr zu bedauern sie nie auch nur gesehen zu haben. – Übrigens ist Humbert natürlich wieder nach Lausanne zurückgegangen nachdem seine Dissertation geschrieben war. Und leider ist er ungefähr zwei Jahre später gestorben.

Juni 83

Hasse Hasse und Siegel hatten sich nach wenigen Monaten entzweit. Zunächst machten sie jede Woche einen gemeinsamen Spaziergang. Was Hasse anschliessend empfunden hat, weiss ich nicht. Vielleicht waren diese Spaziergänge für ihn nicht wichtig. Hasse hat Siegel zwar bewundert, weil er ein so erfolgreicher Kollege war; andrerseits war Hasse aber so sehr auf nicht-analytische Methoden eingeschworen, daß kein nennenswerter mathematischer Kontakt entstand. Siegel war für ihn ein mathematisch hochgeschätzter Kollege und es war ihm, Hasse gelungen ihn nach Göttingen zu berufen. Er tat im Institut alles um Siegel entgegenzukommen. Sie veranstalteten ein gemeinsames Seminar. Siegel wurde eingeladen wenn Hasse Kollegen einlud. Bei den gemeinsamen Spaziergängen fühlten sich bestimmt beide nicht wohl. Mathematisch konnten sie zwar mit einander reden, sahen aber auch die Mathematik methodisch sehr verschieden an. Hasse war viel starrer als Siegel, bei ihm zählte auch die Arbeit, während es dem Siegel mehr auf den Einfall ankam und die Knochenarbeit nur ein notwendiges Übel für ihn war. Aber nach dem was Siegel empfand, waren beide schon bald, wenn auch unausgesprochen meilenweit voneinander entfernt. Jeder etwas rationale Mensch, wie ich zum Beispiel, wusste das von vorn herein. Schliesslich war Hasse konventionell und Siegel absolut unkonventionell. Wenn man zusammenpasst spielt es keine Rolle wie man grossgeworden ist und wie man der Gesellschaft gegenübersteht. Wenn man aber grundverschieden ist, werden auch die gesellschaftlichen Unterschiede unüberbrückbar. In Siegels Vorstellung wurde Hasse später ein Mensch, dem man etwas antun muss, und er hat es getan. Ich habe ihn in diesem Punkt nie verstanden. Ich weiss auch nicht, ob Siegel später etwas „milder" wurde. Für ihn gab es eben sein ganzes Leben lang nur entweder Freunde oder Feinde, und dann die vielen Leute die für ihn garnicht zählten. Und freilich konnten Freunde zu Feinden werden. Das umgekehrte habe ich bei ihm nie erlebt. – Und natürlich gibt es eine typische Siegel-Geschichte, die sich um den Bruch der beiden rankt. Ich selbst bin, wenn auch ziemlich passiv, daran beteiligt: *Bruch mit Hasse*

Kurz vor dem Ereignis, d.h. ein oder zwei Tage vorher hatte ich Siegel gesehen. Ich wusste, daß er Hasse einige Bemerkungen auf einem Spaziergang übel genommen hatte. Siegel sagte jedoch nichts davon, daß er eine kleine Rache plante. Jedenfalls sollte ich im Hasse-Siegel Seminar den Vortrag halten, es ging um Uniformisierung. Das Seminar begann, Hasse setzte sich in die erste Reihe. Siegel kam als letzter in den Hörsaal, ich stand schon wartend vorn. Ich kriegte einen Schrecken, denn Siegel hatte seinen riesengrossen Hut (Schlapphut hiess sowas) auf und sein kleines Köfferchen in der Hand. Er setzte sich in die letzte Reihe. Ich fing an zu reden, ziemlich unruhig, denn Siegel musste ja etwas vorhaben. Natürlich denkt man, es geht um einen selbst, was hatte er also gegen mich geplant? Hinschauen konnte ich ja nicht, ich schrieb ja an die Tafel. Na, und bald knallte es, und es musste ein Sektkorken sein. Ich muss erleichtert gelächelt haben. Jedenfalls sagte man es mir später. Und nicht nur Hasse mag gedacht haben, daß ich informiert war. Aber Siegel wusste natürlich, daß er es mir nicht vorher sagen dürfte. Erstens hätte ich mich wohl geweigert vorzutragen, zweitens dachte er wohl, es mache mir Spass, wenn er in der letzten Reihe sass und laufend Sekt trank. Hasse sagte natürlich garnichts, und ich hielt halt meinen wohlvorbereiteten Vortrag. Nachher verliessen Siegel und ich gemeinsam das Seminargebäude, Hasse einige Meter hinterher – sicher auch mit jungen Leuten. Jedenfalls torkelte der Siegel so lange hin und her bis wir aus der Sichtweite waren. Dann war alles vorbei; ein „Ich werde doch nicht von einer Flasche Sekt betrunken", und „ich kann es mit diesem Hasse nicht aushalten ohne mich zu betrinken, und das soll er auch wissen."

So lange wir zusammen in Göttingen waren (1938–1940) hatte Siegel eine Wohnung im ersten Stock des Hauses Rohnsweg 37. Eine Neubauwohnung, ganz ähnlich seiner Frankfurter Wohnung, *Siegels Wohnung*

3 Zimmer, Bad, Küche, die Möbel hatte er aus Frankfurt mitgenommen. Eigentlich sah es auch später in seinem Haus in Princeton genau so aus, und auch in der Wohnung in der er in Göttingen 30 Jahre lang lebte und in der er starb. Eigentlich ganz unpersönlich. Keine Unordnung, keine Erinnerungsstücke bis auf eine Kommode, die ihm seine Stiefmutter geschenkt hatte. Er hatte meist Bilder, die er selbst gemalt hatte, mit Reisszwecken an den Wänden befestigt. Nicht die tausend geschmacklosen Kleinigkeiten und die wenigen grossartigen Dinge, die sich ein Mensch, der in guten materiellen Verhältnissen lebt selbst gelegentlich kauft oder geschenkt bekommt, waren vorhanden. Er hat garnicht den Versuch gemacht seiner Persönlichkeit in seiner nächsten Umgebung einen Rahmen zu geben. Und natürlich hätte er das auch nicht einem Innenarchitekten überlassen. Mir kam das immer ganz öd und leer vor. Aber natürlich hatte er eine Bücherwand, wie wir alle, angefüllt mit Mathematischer Literatur und Belletristik. Er sagte aber immer, er wolle beweglich sein, nicht nur reisen sondern auch den Ort wechseln. – Aber ich selbst darf nichts über Wohnungen anderer lästern, erst kürzlich hat mein Neffe gesagt: „Du kannst die eleganteste Wohnung mieten, aber Du machst immer eine Bude daraus."

Eigenes Zimmer In Göttingen musste ich nach 3 Semestern das Zimmer wechseln da meine Wirtin im Stegemühlenweg 10 an Altersschwäche starb. Sie hatte jahrelang zwei Zimmer an Studentinnen vermietet, um in der Wohnung nicht alleine zu sein. Abends vor dem Schlafengehen legte sie Wert auf einen Besuch, man sollte ihr berichten, was man tagsüber getan hatte. Von meinen Eltern war ich so etwas nicht gewöhnt, aber bei der alten Dame tat ich das halt. Anschliessend zog ich in die Merkelstrasse, zu etwas vornehmeren Leuten, die zwar das Geld für das Zimmer haben wollten, aber Mieter im übrigen als Menschen zweiter Klasse ansahen. Auch da wohnte ich nicht lange. Nachdem Siegel Frühjahr 1940 Deutschland verlassen hatte, übernahm ich für einige Monate seine Wohnung, stellte dann seine Möbel und Bücher in einer Kammer unter und nahm mir selbst zwei Zimmer im Nikolausberger Weg. Ohne Küche, aber mit einer Kochgelegenheit; aber freilich habe ich damals noch nicht regelmässig gekocht. Wie wenig man in die Zukunft sieht! Noch heute habe ich eine Wohnung in Göttingen, und wie gut hätte ich Siegels Wohnung 1943 brauchen können. Da standen nämlich meine Eltern nach einer Bombennacht auf der Strasse in Frankfurt. Mein Bruder war inzwischen gefallen, und seine Frau, mit der er nur 1 1/2 Jahre verheiratet war, kam 1944 mit ihrem 2jährigen Sohn nach Göttingen, auch ohne eine Bleibe. Natürlich muss man aber auch sagen: Wie gut, daß man so wenig in die Zukunft sieht! In den Jahren 1938/40 habe ich mir zwar viele Gedanken um die Politik gemacht, aber wenig um meinen späteren Lebensweg – und noch weniger über meine Wohngelegenheiten. Ich hatte ja in Frankfurt bei meinen Eltern jede Möglichkeit – zu schlafen, zu essen, am Schreibtisch zu sitzen und zu arbeiten. Aus dieser Zeit habe ich aber die Gewohnheit beibehalten immer mindestens zwei Wohnungen zu haben.

Mit Mensa-essen habe ich es seit meinem Marburger Jahr nicht wieder versucht, in Göttingen ging ich in der Stadt zum Essen. Meist in die Fleischerei Exter, garnicht weit vom Mathematischen Institut entfernt. Man konnte in einem Nebenzimmer des Ladens essen, es gab keine Auswahl, aber es war billig. Wenn man sparen wollte, ass man Suppe. Es gab abwechselnd Erbsen-, Bohnen-, Linsensuppe, jeweils mit reichlich Fleisch oder Wurst. Wenn man sehr hungrig war und es sich leisten konnte, nahm man Eisbein mit Sauerkraut. Es war das teuerste Gericht und stets vorhanden – und die Portionen waren riesig. Einmal in der Woche gab es „Rinderwurst". Es handelt sich um ein Lokal-gericht, eine Wurst, die „lose" ist, gewärmt wird, und zu der man Pellkartoffeln und Gewürzgurke isst. Natürlich spielt es für mich jetzt eine sehr untergeordnete Rolle, ob ich billig oder teuer esse, ich kaufe ziemlich irrational ein. Wenn ich aber in Göttingen in der Stadt einkaufe, ist häufig eine Portion Rinderwurst dabei. Aber natürlich wärme ich sie zuhause auf, und Kartoffeln und Gewürzgurke sind von der besten Sorte.

Eßgewohnheiten

Mit Siegel ass ich in der gemeinsamen Göttinger Zeit keineswegs regelmässig. Er hielt es sicher für erzieherisch nützlich, wenn ich zu Exter und er in die Krone zum Mittagessen ging. Jedenfalls hat er kein einziges Mal mit mir bei Exter gegessen, ich habe das natürlich auch nicht erwartet. Am Wochenende lud er mich zu einem teuren Essen im Lokal ein und es gab auch in seiner Wohnung Kocherei. Jedenfalls trafen wir uns in Göttingen nur nach Vorlesung und Seminar, an den Wochenenden und zum Spazierengehen. Auch kürzere Spaziergänge machte er lieber gemeinsam. Mir war das alles angenehm so wie es lief, ich hatte nie grosse Intentionen den äusseren Ablauf der Dinge aufwendig zu „gestalten". Ausserdem war ich sehr beschäftigt damit möglichst viel Mathematik zu lernen und kleinere Arbeiten zu schreiben. Das war für mich ja alles neu und aufregend.

Wenn man, wie Siegel nicht sparte (und er hat eigentlich nie gespart, sondern sein Gehalt für Lebensunterhalt und Reisen laufend ausgegeben) war es in diesen Jahren vor dem Krieg sehr angenehm in Göttingen in Restaurants zu essen. Man hatte Auswahl, Krone, Imkernschänke, Baer und ähnliches. Es war ruhig und wie man so

Leben in Göttingen

sagt „eine gepflegte Atmosphäre". Das Essen war ausgezeichnet. Zum Wochenende kaufte Siegel Delikatessen ein, Steak oder Reh-Steak, er kaufte sehr guten Wein und die besten Zigarren. Steak machte er sofort, es gab Brot dazu – Kartoffeln und Gemüse gab es ja in den Restaurants unter der Woche. Gelegentlich machten wir auch grössere Fussmärsche in den Harz, in das Weserbergland oder in den Solling. Das war sehr friedlich bis auf die Blasen, die ich regelmässig an den Füssen bekam. Siegel redete über Mathematik, er dachte ja eigentlich meist an ein Problem, wenn auch häufig nicht zu intensiv. Grosse Theorien wie man was anpacken müsste hatte er natürlich auch, aber er war eben doch ein praktischer, kein zu verträumter Mensch. Und er hatte ein unwahrscheinlich gutes Gedächtnis, auch für Kleinigkeiten. Es kam durchaus vor, daß er ganz lebhaft wurde, wenn es darum ging, daß man mit dreissig bereits zu vieles im Gedächtnis hätte um neue Ideen zu bekommen. Daß man sich trotzdem noch laufend den Kopf mit neuen Ideen anderer vollstopfen könne und die Methoden anwenden so bald man sie brauchte, war ihm selbstverständlich. Er hatte tatsächlich ein unwahrscheinliches Wissen, das er sich in kurzer Zeit aneignen konnte. Die Kehrseite bestand natürlich in den Stunden in denen er vor sich hin starrte und grübelte. Und als Ausweg hieraus dienten die Spaziergänge, eine gewisse Naturschwärmerei und vielleicht auch seine ziemlich menschenfeindlichen Überlegungen. Er war niemals milde, höchstens sentimental. Bevor er intensiv Mathematik trieb und auch so ab 50 Jahren, litt er häufig unter Depressionen. Eine meiner Freundinnen, die ihr Leben lang immer wieder unter Depressionen leidet, sagte mir, in solchen Zeiten käme sie sich vor wie auf einen Punkt zusammengeschrumpft ohne Interesse an sich selbst oder der Umgebung. Jedenfalls muss es bei Siegel so gewesen sein, ich habe das 1947 in Princeton mit ihm erlebt. Und diese Apathie konnte dann plötzlich in Euphorie, Sentimentalität, Weltschmerz, Menschenhass je nachdem – überkippen. Aber er hat es, jedenfalls so viel ich weiss, stets geschafft sich am eigenen Schopf herauszuziehen, sich an den Schreibtisch zu setzen und sich etwas zu überlegen. Ich habe allerdings nicht erlebt, daß er dabei zufrieden sein und sozusagen ein Lächeln dabei haben konnte. Meine Mutter würde an dieser Stelle sagen: „Er hatte eben ein sehr unglückliches Temperament."

Siegel und Mathematik

23. Juni 1983

Hilbert Aus der grossen Göttinger Zeit waren 1938 nur Hilbert und Herglotz übrig geblieben. Hilbert wohnte in seinem Haus in der Wilhelm Weber Strasse, das einen sehr grossen Garten hatte. Ab 1940 wohnte ich so, daß ich von meinen Zimmern im vierten Stock den ganzen Garten übersehen konnte. Hohe Bäume natürlich, Rasen – und es gab immer noch diese überdachte Seite mit Tafel, so vielleicht 40 Meter lang. Da konnte Hilbert auch bei Regenwetter laufen und nachdenken. Über Mathematik hat er 1940 nicht mehr nachgedacht, das Kurzzeitgedächtnis war nach seiner schweren Krankheit fast nicht mehr vorhanden, und ohne dieses kann man, meine ich (wie es wissenschaftlich gesehen wird, weiss ich nicht), mathematisch nicht mehr richtig denken. Immerhin war Hilbert 1940 ja auch 78. Grosse Einladungen gab es bei Hilberts kaum noch. Immerhin habe ich seit 1939 die traditionellen Geburtstagseinladungen miterlebt, bis 1942. Da war sein 80. Geburtstag, er sass *80. Geburtstag* fein angezogen und mit Orden und einer Schärpe geschmückt auf dem Sofa und lächelte jeden an. Im allgemeinen war er kein liebenswürdiger kleiner alter Herr, denn er konnte rasch widersprechen und sehr beharrlich seinen Standpunkt vertreten. Besonders wenn seine sehr vernünftige Frau ihn davon abbringen wollte. Am leichtesten konnte Klärchens Tochter mit Hilbert umgehen, in ihrer Gesellschaft fühlte er sich wohl. Der Haushalt bestand aus Hilbert, seiner Frau, seinem Sohn, dem zur Familie gehörigen Hausmädchen Klärchen und Klärchens Tochter, die in der Zeit so 15–20 Jahre alt war. Man sah Hilbert sehr häufig am Arm von Klärchens Tochter in die Stadt spazieren, wohl um Besorgungen zu machen. Offiziell lernte ich Hilbert, Frau und Sohn bei einer Einladung zum Kaffee *Einladung* kennen. Es war in Herglotzens Wintergarten, und so viel ich mich *mit Hilbert* erinnere, waren nur Siegel und ich noch eingeladen. Man gab mir bei dieser, und manchen folgenden Einladungen gern einen Platz neben Hilbert. Schliesslich war ich ein „junges Mädchen" und Hilbert verehrte junge Mädchen. Daß ich Mathematikerin war, nahm er garnicht wahr, er hat mich auch keineswegs von einem zum anderen Mal wiedererkannt. Aber ich hatte die Ehre von ihm bewundernd angeblickt und am Arm gezupft zu werden. Und seiner Frau war es lieber, wenn er am Tisch sitzen blieb. Er konnte ganz gut mitten in der Unterhaltung aufstehen und weg gehen. Wenn die Gesellschaft zu Hause stattfand ging er dann in die Küche, oder in ein anderes Zimmer um Schallplatten zu hören. Man sprach auch von einer elektrischen Eisenbahn, an diese kann ich mich aber nicht erinnern. Einmal hatte ich die Ehre eines Streites mit Hilbert. Man *Streit mit Hilbert* setzte uns zusammen an den Tisch, ich sagte ihm wieder wer ich sei. Alles war ihm ganz neu, auch daß ich erst kurze Zeit in Göttingen sei. Er meinte, ich müsse mir sofort ein Haus kaufen. Ich habe heute noch kein Haus und nie daran gedacht mir eines zu bauen oder zu kaufen. Also sagte ich, ich habe nicht vor mir jetzt ein Haus zu kaufen. Und da wurde ich nun ganz intensiv mit allen Gründen überschüttet, die im allgemeinen und insbesondere für mich einen Hauskauf notwendig machten. Recht hatte er natürlich, ich habe ja jetzt noch, nach fast 50 Jahren eine Wohnung in Göttingen, und es wäre besser gewesen mir damals ein Haus zu kaufen um darin die Zeit der Bomben und der Wohnungsnot zu überstehen – gemeinsam mit Eltern und sonstiger Familie. Nun, unser Wortgefecht an der festlich geschmückten Tafel wurde für die übrigen etwas unangenehm. Frau Hilbert versuchte, über den Tisch hinweg ihren Mann abzulenken. Sie wusste wohl genau wie man das macht, nämlich so, daß Hilbert meinte selbst das Thema gewechselt zu haben. Sie sprach also von einem kleinen Gartenhaus bei Königsberg. Zunächst sagte Hilbert zwar, er habe das nie gekannt, aber es brachte ihn eben doch vom Streit ab.

Emigrierte Kollegen

Es war übrigens keineswegs so, daß er sich von den Gesprächen ganz fernhielt oder sofort seine Meinung durchsetzen wollte. Ich habe sogar einmal ein Gespräch über emigrierte Kollegen mitgekriegt. Es muss an einem der Geburtstage gewesen sein, an dem z.B. Reidemeister, Hecke und weitere seiner Schüler gekommen waren. Hilbert oder einer der anderen sprach dann gern von der Noether – in diesem Zusammenhang hatte Hilbert noch ein gutes Langzeitgedächtnis – und auch allgemein von den emigrierten Freunden. Ich selbst hatte ja keinen von ihnen gekannt, sie waren mir nur mathematisch ein Begriff. Ich habe auch sicher nicht intensiv zugehört. Wenn man eine so greuliche Zeit wie das dritte Reich überstehen muss, verschafft sich der Verstand ja Fluchtwege. Bei jedem Menschen wird das wohl anders funktionieren. Aber es gelingt mir nicht, mich an das Wesentliche dieses Gesprächs zu erinnern. Nur daran, daß einer der Anwesenden darauf hinwies, die Bedingungen in USA würden dadurch erschwert, daß man von jedem Einzelnen eine Menge Publikationen verlangte. Hilbert sagte nur „Aber das ist doch nun wirklich nebensächlich, wenn es sein muss, kann man doch jeden Monat ein paar Seiten publizieren."

Die Crêpe de Chine-Vorlesung

Ich schreibe hier nicht „Ich habe Hilbert gekannt" sondern „ich habe Hilbert noch gekannt", und der Nachdruck liegt dabei auf dem „noch". Ich hätte ihn schon ganz gern in der Göttinger Glanzzeit gekannt! Aber aufzuschreiben braucht man darüber nichts, es gibt ja diese ausführliche Biographie. Wie gern hätte ich jene sagenhaften Crêpe de Chine-Vorlesungen gehört, in denen sich die Göttinger Gesellschaft traf, insbesondere gut angezogene „Damen der Gesellschaft". Was hat er denen bloss über Geometrie und Logik erzählt? Und wie kam er mit den Männern zurecht, von denen er mal sagte „Ihr Horizont besteht nur aus einem Punkt, und den nennen sie ihren Standpunkt". Aber er muss dieses ganze, damals sehr blühende gesellschaftliche Leben doch auch gemocht haben. Das Ehepaar Hilbert war auch häufiger Gast im Theater. Die formellen Vormittagsbesuche müssen ihm allerdings nicht gelegen haben, nie. Gibt es da doch nicht nur die sehr bekannte Geschichte über die Abendgesellschaft, wo seine Frau ihn nach oben schickt den Schlips zu wechseln und er „analytische Fortsetzung" betreibt. Es gibt ja auch die Geschichte, wo ihn ein Vormittagsbesuch schon nach Minuten langweilt. Er sagt zu seiner Frau „Käte, wir haben die Herrschaften schon lange genug gelangweilt" – und Hilberts verabschieden sich und verlassen ihr eigenes Haus, in Hut und Mantel, so wie wenn sie einen Besuch gemacht hätten.

Felix Bernstein hat mir mal eine tolle Vorlesungsgeschichte erzählt. Wie gern hätte ich diese Vorlesungen gehört, so um 1900! Hilbert hatte sich mit Integralgleichungen beschäftigt und hielt 4 mal in der Woche früh morgens zwei Vorlesungen. Zunächst eine über Differentialrechnung, für Anfänger. Anschliessend eine Stunde über Integralgleichungen. Er hatte in der ersten Stunde stets zwei Manuskripte auf dem Pult liegen, unten die über Integralgleichungen, obenauf die über Differentialrechnung. Über Differentialrechnung redete er, und gleichzeitig bereitete er sich auf die Integralgleichungen vor. Und wenn man nun noch bedenkt, daß er besonders leicht, häufig und lange geistesabwesend sein konnte – nun, dann kann man sich diese Differentialrechnung vorstellen. – Um etwas Allgemeines zu sagen: Heutzutage wird fortwährend von Reformen geredet, und man glaubt nicht nur, daß „Reformen" gleichbedeutend ist mit „Verbesserungen", viele haben die Meinung, daß Reformen gerade in den letzten 10 Jahren an der Universität stattgefunden haben. Freilich hat sich vieles verändert, schon als Folge der hohen Studentenzahlen und neuen Berufsbilder. Darauf will ich hier keineswegs eingehen. Aber in der Universitäts-Mathematik hat sich in den letzten – sagen wir 60 – Jahren grundlegendes verändert. Noch in meiner Studentenzeit war das Mathe-Studium stark von der mathem. Begabung abhängig. Logik und Bezeichnungen waren nicht so festgeschrieben und wichtig. Für den, der die Vorlesung hielt, war die Vorbereitung einfacher, für den, der sie hörte war sie amüsanter. Aber inzwischen kann mancher unbegabtere Mensch sowohl Vorlesung vorbereiten, als auch verstehen. Es ist mehr Fleiss und harte Arbeit nötig. Ich kann schon verstehen, daß beide Seiten heute mehr „belastet" sind, und das Amüsement in den Hintergrund tritt. Die Zeiten, in denen man liebevoll über seinen Professor sagte „A sagt er, B schreibt er, C meint er und D ist richtig" sind vorbei oder werden nur in sehr veränderter Form wieder kommen – je-

Hilberts Vorlesungen

Reformen

denfalls im Universitätsunterricht. Hochbegabte Mathe-Studenten gibt es wie eh und je, aber an starre Bezeichnungen und Logik sind sie mühelos gewöhnt worden.

Hilberts letzte Jahre
Da fällt mir ein, daß mir eines der letzten Gespräche mit Hilbert noch im Gedächtnis geblieben ist. Es muss 1941/42 stattgefunden haben. In dieser Zeit wurde schon recht viel gehungert. Auch 1917/18 wurde in Deutschland sehr gehungert. Von Hilbert gibt es da die Geschichte, daß zu seinem Geburtstag einiges zu Essen aufgetrieben wurde und jemand sagte, es müsse doch aber gespart werden. Darauf Hilbert: „Essen Sie so viel Sie können, um so eher geht der Krieg zu Ende". Diesen Ausspruch kenne ich natürlich nur aus Erzählung. Den Krieg 1939/45 (d.h. bis 14.II.1943 seinem Todestag) hat Hilbert sozusagen nicht mehr miterlebt. Er bekam zwar immer wieder gesagt es sei Krieg, aber er hat es immer wieder vergessen. Hilberts hatten Obst und Gemüse im Garten, Klärchen kochte so gut sie konnte. Ich selbst hätte Hilberts nichts abgeben können, ich hatte nichts. Aber Schaffeld besorgte immer wieder etwas Butter oder Wurst und ich brachte dies dann zu Hilberts. Wenn ich Hilbert selbst antraf, freute ich mich natürlich besonders und sagte dann immer wieder wer ich sei. Denn danach fragte er stets und stellte anschliessend durchaus vernünftige Fragen. Inzwischen war ich habilitiert, hielt Vorlesungen und machte alles was sonst im Institut anfiel an theoretischer und praktischer Arbeit (wie Bibliothek). Wir hatten wenige männliche Studenten, nur kranke und kurz beurlaubte. Aber Mädels gab es. Zwar wurden Mädels nach dem Abitur „eingezogen" und mussten beim Militär Büroarbeit machen oder in Fabriken arbeiten. Aber manche schlüpften durch die Maschen, eine meiner Freundinnen zum Beispiel hatte das Glück an genau dem Tag einen Bienenstich zu bekommen, an dem überraschend in ihrer Schule rekrutiert wurde. Und es gab immer mehr Kriegerwitwen, die viele Vergünstigungen hatten und studieren durften. So ausführlich erzählte ich es dem Hilbert nicht, ich sagte eben „Habilitierte Assistentin am Mathematischen Institut". Das führte zu seiner Frage: „Wie sind die Studenten denn heutzutage" und meiner Antwort: „Na, nicht besonders intelligent". Und da seufzte er ein ganz klein bisschen, sah mich aufmunternd an und meinte „Ist doch auch langweilig immer mit intelligenten Leuten zu tun zu haben".

Siegels und Hilberts Grab
An Begräbnisse (bzw. Beisetzungen) denke ich nicht oft und Friedhof-Spaziergänge sind nicht meine Sache. Aber wenn ich von Süden her mit der Bahn nach Göttingen komme und der Zug langsamer wird, schaue ich doch häufig nach der grünen Wand, die Bahngleise und Friedhof trennt. Unmittelbar an diesem Friedhofs-

rand ist ein kleiner, sehr friedlicher Weiher, dort ist Siegels Grab und ein Stückchen davon weg ist Hilberts Grab. Beides sind Grabplätze, die die Stadt Göttingen bekannten Leuten – mit Grabpflege – überlassen hat. Siegels Grab ist neben dem des Theaterintendanten H. Hilpert, Planck und Hahns Gräber sind gleich dabei. Beide Begräbnisse, die von Hilbert und die von Siegel habe ich miterlebt, wahrscheinlich als einziger Mensch beide. Hilbert lebte ja 1862–1943, Siegel 1896–1981, die Begräbnisse liegen fast 40 Jahre auseinander. Beide waren nicht kirchlich – und bei Beerdigungen ist kirchlich – unkirchlich doch ein wesentlicher Unterschied. 1981 ist mir natürlich deutlicher in Erinnerung als 1943. Es wurde zwar kaum ein liebevolles Wort bei Siegels Trauerfeierlichkeit gesagt, aber alles war liebevoll organisiert worden, der Sarg wurde samt Blumen in die kleine Kapelle gebracht und nachher wieder abgeholt, da vor der Beisetzung der Urne noch Formalitäten zu erledigen waren. Die Kapelle sah wunderhübsch aus mit den vielen, sehr teuren Kränzen, die auch von offizieller Seite gekommen waren. Ein Studentenorchester spielte Kammermusik, es wurden kleinere Reden gehalten, persönlich war nur die von Theo Schneider. Kein Wunder, denn eigentlich hatte ihn ja niemand mehr gekannt (– kaum jemand ist richtiger). Wir haben dann noch gemeinsam auf dem Hainholzhof Mittag gegessen und Kaffee getrunken. Aus meiner alten Göttinger Zeit waren nur Schneider und Eichler da. Maaß und Klingen waren gekommen – neben Theo Schneider die „Erben". (Siegel hätte wirklich jemanden gebraucht, der ihn beim Testament-machen beraten hätte. Es war so ungeschickt wie viele seiner persönlichen Entscheidungen) Dann waren fast alle jüngeren Schüler von Siegel gekommen, er hatte ja nach 1950 noch eine ganze Reihe. Ich kannte sie kaum.

Siegels Trauerfeierlichkeit

Die Erben

Bei Hilberts Tod verlief alles schwieriger, es war ja Krieg und Nazizeit. Ein Grabplatz war nicht vorhanden. Frau Hilbert war fast so alt wie ihr Mann und schon von sehr schlechter Gesundheit. Franz, der Sohn, konnte garnichts organisieren, er musste nur versorgt werden. Die Familie konnte also höchstens eine Trauerfeier im Haus in der Wilhelm Weber-Strasse organisieren. Das wurde getan. Es war sehr stilvoll. So viel ich mich erinnere hielt Carathéodory eine sehr gute Rede, sie muss wohl auch publiziert worden sein. Man ist ja immer sehr beklommen wenn ein Sarg Mittelpunkt ist. Nachher war die Beisetzung. Herglotz hatte die Idee gehabt seinen Freund Schmucker um Hilfe zu bitten, jedenfalls bei der Beschaffung eines Grabplatzes. Schmucker war Botaniker an der Forstakademie und einer der gescheitesten, praktischsten und liebenswertesten Menschen, die ich je kennen lernte. Schmucker also erreichte,

Hilberts Tod

Die Beerdigung daß Hilbert ein städtisches Grab bekam. Es war kalt, denn es war Februar. Hilberts Sarg stand auf einem kleinen Wägelchen am Eingang des Friedhofs, denn mit der Kapelle war das so eine Sache. Die Kapelle konnte nur zu einer Feier mit Pastor gemietet werden, oder das Kreuz wurde mit einer Hakenkreuzfahne verhängt. Beides ging nicht. Also stand der Sarg so einsam da, es formierte sich ein kleiner Zug. Mit Klärchen und Franz Hilbert an der Spitze – Frau Hilbert musste das Bett hüten, sie war überanstrengt. Die Fakultät war vollzählig vorhanden, so weit sie überhaupt während des Krieges in Göttingen war. Man war feierlich angezogen, aber Blumen gab es so gut wie garkeine (Ich habe während des Krieges einmal geträumt von einem Blumenladen, in den ich ging um Blumen zu kaufen. Die Verkäuferin sagte: „Bringen Sie einen Topf mit verwelkten Blumen, nur dann kann ich Ihnen frische geben".) Sehr viele auswärtige Kollegen waren nicht anwesend, dazu war das Reisen zu schwierig geworden. Aber jedenfalls waren Carathéodory, Hecke und Hilberts letzter Assistent Arnold Schmidt da. Nachdem wir am offenen Grab angelangt waren, sprachen Hecke und Schmidt ein paar Worte, der Sarg kam unter die Erde, das wars.

Über die viel späteren Begräbnisse ist also berichtet, ich gehe wieder zurück auf das Jahr 1938/39. Von dem sehr „regen gesellschaftlichen Leben" der Zeit vor 1933 war kaum etwas übrig. Aber das wechselte bei Mathematikern ja auch ohne Krisenzeiten. Es hängt von äusseren Bedingungen ab, von der Persönlichkeit der Professoren, und auch sehr von deren Alter. Das bemerkt man *Seminarausflüge* schon an den Seminarausflügen. Viele jüngere Kollegen machen *1938/39* gern einmal im Semester mit ihren Seminarteilnehmern einen Ausflug. Das lässt dann langsam nach, sagen wir wenn der Professor über 50 ist. Dann schläft das ein. Und der Nachfolger beginnt dann wieder mit Seminarspaziergängen. In Kleinstädten häufig zu den alten Plätzen in der Umgebung. Herglotz, Kaluza, Siegel machten in diesen Jahren keine Seminarspaziergänge, wohl aber Hasse. Er war ein wohlorganisierter Mensch, zu einer bestimmten Zeit Arbeit, Klavierspiel, Familie usw. Er konnte sehr lebhaft sein, wenn es sich um organisierte Spaziergänge oder Einladungen handelte. Er lud *Einladungen* auch zu kleinen Festen ein. Damals hatte er ein Haus (ich weiss nicht ob es gekauft oder gemietet war), jedenfalls ein grösseres Reihenhaus ganz oben in der Calsow-Strasse. Obwohl Schneider und ich nicht zu seinem Kreis gehörten, wurden wir eingeladen und bekamen so etwas mehr Kontakt zu den Hasse-Leuten. Die Einladungen bei Hilbert hatten bis auf Hilberts Geburtstag aufgehört, Kaluza lebte sehr zurückgezogen. Das galt auch für Herglotz, aber für mich selbst war da die Lage anders, weil sich Siegel und Herglotz sehr gut verstanden. Siegel nahm mich dann immer mit zu Herglotz, und als Siegel 1940 Deutschland verlassen hatte, blieb ich mit Herglotz befreundet und verbrachte manchen Nachmittag oder Abend mit ihm.

Jedenfalls gab es 1938, nachdem Siegel sich in Göttingen häuslich niedergelassen hatte, eine feste Verabredung jeden Mittwoch einen gemeinsamen Ausflug zu machen, Herglotz, Siegel, der Schäferhund Alf – und ich. Herglotz wohnte damals noch im Hohen Weg, in einer riesengrossen Wohnung mit grossem Garten, wo auch reichlich Platz war für Alf. Herglotz hatte schon gemeinsam mit seiner Mutter diese Wohnung bewohnt, das Untergeschoss, von dem man direkt in den Garten gehen konnte, gehörte zu seiner Wohnung und wurde von einer Haushälterin bewohnt. Zwischen Siegel und Herglotz bestand keine ganz enge Freundschaft, sie waren sehr verschieden und nicht gleichaltrig. Ich weiss es nicht genau, aber Herglotz muss ungefähr 1878 geboren sein. Wenn er in meinem Alter gewesen wäre, hätte ich mich wahrscheinlich in Herglotz verliebt! Wahrscheinlich. Aber es wäre wohl nichts daraus geworden. Er hatte zwar manche Freundin, und er war manches Mal nahe dran, sich „fürs Leben zu binden". Aber dabei blieb es. Er war ein Einzelkind, sein Vater starb sehr früh, also lebte er mit seiner Mutter zusammen bis sie starb. Sie muss recht alt geworden sein, ich habe sie nicht mehr kennen gelernt. Aber sie muss instinktiv so gehandelt haben wie eben jene Mütter, die ihre einzelnen Söhne an sich binden. Über seine frühe Kindheit hat er allerdings manchmal erzählt. Er sollte, da es in der Familie so üblich war, eine österreichische Kadettenschule besuchen. Aber beim Anblick jedes schneidigen k und k-Offiziers wurde dem kleinen Jungen nur übel und er flüchtete sich ins Bett. Da erlaubte man ihm eine normale Schule. Im entsprechenden Alter fing er an zu experimentieren, er begann sich zu einem Techniker zu entwickeln. Aber da hatte die Mama Angst, daß ihrem Gustel was passieren könnte. Nun, er ist mathematisch und schöngeistig geworden, und er hätte sicher auch in jedem philologischen Fach es zu etwas gebracht. Bei ihm habe ich das erste Mal erlebt wie hinderlich eine private Bibliothek sein kann, auch wenn sie noch so gut ist! Das Haus in dem er lebte, wurde verkauft. Herglotz musste Ende 38, Anfang 39 umziehen. Es war sehr schwer etwas zu finden, wo seine Bücher untergebracht werden konnten. Inzwischen sind ja die grossen Wohnungen kleiner (und die kleinen grösser) geworden, d.h. man kann fast nirgendwo grosse und hohe Wohnungen mieten. Inzwischen hatte Herglotz eine neue Wirtschafterin, Schwester Louise. Diese besorgte also die neue Wohnung, Siegel und ich hatten die Aufgabe Herglotz möglichst

Der Mittwochs-Ausflug

Herglotz

lange während des Umzugs fernzuhalten. Umzüge und dergleichen überstiegen Herglotzens inneres Gleichgewicht beträchtlich.

Alf überlebte diesen Umzug nur sehr kurze Zeit, was den Herglotz noch mehr aus dem Gleichgewicht brachte. Nach einiger Zeit fand Siegel, Herglotz müsse wieder einen Hund haben, diesmal aber einen ganz kleinen. Schwester Louise fand das auch. So wurde also Herglotz eines Tages mit einem Dackel-Baby überrascht. Er taufte sie Steffi und liebte sie nach einiger Zeit sehr, obwohl sie Knochen hinter seinen Büchern versteckte. Sie bekam auch bald Junge und wurde Stammutter eines grossen Geschlechts, sodaß stets bis zu fünf Dackel das Haus bevölkerten. Es war aber schon schöner mit einem grossen Hund wie Alf zu wandern!

Wandertage Mittwoch war der Wandertag, eigentlich bei jedem Wetter. Meist ging es in den Göttinger Wald, vom Kerstlingröder Feld über die Mackenröder Spitze. Mal nur bis zum Södderich (besonders bei schlechtem Wetter), mal zum Hühnstollen, mal bis Nordheim mit Abendessen in der Sonne und Rückfahrt mit der Bahn. Wir fuhren aber gelegentlich auch ins Weserbergland. Es gab ja überall gute Gasthöfe, wo man abends essen und danach mit dem Zug nach Göttingen zurückfahren konnte.

Wanderwege sind meist schmal, auch im Wald. Alf musste im Wald an die Leine und er zog den Herglotz ganz schön durch die Gegend. Wir gingen dann im Gänsemarsch, Alf vorneweg, ich ganz hinterher. Da wurde dann nicht viel geredet, jeder dachte so vor sich hin. Waren die Wege breit genug unterhielt man sich. Nicht häufig über Mathematik. Und auch wenn wir uns in einem Gasthaus beim Essen ausruhten, gab es wenig direkt mathematische Gespräche. Ich bemühte mich natürlich möglichst wenig zu sagen, ich hatte ja noch viel weniger nachgedacht, also auch meist nichts beizutragen. Herglotz erzählte viel aus seiner Leipziger Zeit, auch von seinem damaligen Schüler Artin. Und er schwärmte von Wien und Prag. Siegel lag viel an seiner kurzen Göttinger Studienzeit zu Beginn der zwanziger Jahre. Und er erzählte auch von seinen Reisen. Scherzweise wurde dann wohl auch gesagt, daß das Göttinger Institut inzwischen nur ein Grabmal der Mathematik sei, man sollte es verkaufen und sich von dem Geld ein schönes Leben machen. Das war eben so ein Scherz, der zu einem Wandertag in der Göttinger Umgebung passte.

Herglotz' Herglotz' Vorlesungen waren die besten, die ich je gehört habe,
Vorlesungen obwohl er viele Formeln brachte, die mir nicht gerade nahe lagen. Er mochte nur Spezialkollegs über Themen der Analysis halten – dachte man so. Das machte er perfekt und hatte einen entsprechenden Hörerkreis. Und wenn er nach Vorlesungsplänen ge-

fragt wurde, war er viel zu höflich etwas direktes zu sagen. Seine
Funktionentheorie-Vorlesung kannte ich von einer Ausarbeitung
her, sie war viel einleuchtender als jede gedruckt vorliegende. Und
dann sagte mir mal Schwester Louise, er würde so gern mal wieder
eine Algebra-Vorlesung halten. Das war so ganz typisch für ihn!
Er nahm Rücksicht auf andere, die anderen nahmen Rücksicht auf
ihn – und jeder bekam was er nicht wollte. In dieser Zeit unserer
Spaziergänge war Herglotz aber wenigstens ganz frohgemut. Mit
Schwester Louise war es zwar schwierig umzugehen, da sie auf alles
und jeden eifersüchtig war. Aber sie hat ihn auch später, während
seiner jahrelangen schweren Krankheit (Lähmung nach Schlaganfall) gepflegt und die ganzen Kriegsjahre für ihn gesorgt. Wenn
einen auch die Verhältnisse an Strindberg gemahnten.

Während in Herglotzens Umgebung immer viel los war, gab
es in Siegels Umgebung in diesen Göttinger Vorkriegsjahren 38/40
keine Wirbel. Sein Verhältnis mit Hasse war getrübt, aber alles
verlief ruhig. Wenn ihn etwas störte, hatte er ja auch einen funktionierenden Blitzableiter, nämlich mich. Und ich nahm das kaum
wahr.

Siegel muss in dieser Zeit in irgendeiner Form hart gearbeitet *Über Siegels*
haben. Ich weiss aber nicht wie. Freilich sah ich ihn auch nicht rund *Arbeit*
um die Uhr. Aber ich war doch häufig mit ihm zusammen. Jedenfalls: Mittwochs Wandern mit Herglotz. Am Wochenende wanderten wir fast ausschliesslich zu zweit. Nach Seminaren sassen wir am
Abend zusammen. An den Vorlesungstagen war ich meist in seiner Vorlesung und wir machten häufig nachmittags Spaziergänge.
Schliesslich musste er sich auf die Vorlesung vorbereiten. Er ging
auch nach der Vorlesung sehr häufig in die Bibliothek und las in
neueren Zeitschriften. Und er las auch in Separaten, die ihm geschickt wurden. Freilich hatte er keine Verwaltungsarbeiten und
ja auch keine häuslichen Pflichten. Aber die Arbeitskraft eines jeden ist ja beschränkt. Nur war er eben unheimlich rasch im Nachdenken und behielt alles wichtige im Gedächtnis. Wenn man aber
bedenkt, daß er bis 1935 sehr intensiv an den quadratischen Formen arbeitete, bis 1940 manches über Modulformen n-ten Grades
ausarbeitete, dann kann man kaum verstehen, daß er anschliessend in Princeton eine Arbeit nach der anderen schrieb. Er hatte
auch keineswegs Berge von Papier herumliegen, wie das bei unsereinem so üblich ist. Er hat also ganz sicher keine Platz erfordernden Aufzeichnungen 1940 mitgenommen. Er ist ja so gereist,
wie wenn es sich nur um ein paar Vorträge handelte, die er in
Kopenhagen hielt. Also reiste er mit sehr leichtem Gepäck, seine *Reise nach*
Flucht wäre sonst ja auch Grenzbehörden aufgefallen. Schliesslich *Princeton*

war 1940 Krieg und es gab entsprechend scharfe Grenzkontrollen. Formeln im Gepäck wären verdächtig gewesen. Er hatte auch 1940 fast nichts schriftliches zurückgelassen, nichts von dem, was man normalerweise aufhebt. Einige Vorlesungszettel und Übungsaufgaben, nichts persönliches. Er hat manchmal stolz erzählt, das habe er bei Landau gelernt. Landau habe ihm seinen leeren Schreibtisch gezeigt und gesagt: „Viel Mathematik können Sie bei mir nicht lernen, aber Ordnung zu halten." In diesem Zusammenhang fällt mir ein, daß Siegel in der Zeit zwischen Dissertation und Habilitation in Felix Kleins Haus zur Untermiete lebte. Er hatte da ein Zimmer, aber sonst keinen Kontakt mit dem Haushalt. Eines Tages zog er sich an wie zu einem sehr formellen Besuch und ging so zu Klein. Die Worte weiss ich nicht mehr genau, aber dem Sinn nach hat Klein gesagt, daß zu einer Professur mehr gehöre als wissenschaftliche Leistung. Siegel solle seine Laufbahn überdenken. Immerhin war Klein damals ungefähr 72 Jahre alt und wird Ähnliches zu manchem jüngeren Kollegen gesagt haben.

Siegel bei Felix Klein

Es ist heute so ein schöner, sonniger Tag und da ich schon diese Geschichten erzähle, möchte ich noch eine hinzufügen! An sich halte ich mich in den letzten Jahren sehr zurück Mathematiker-Geschichten zu erzählen, ausser wenn jemand ausdrücklich darum bittet. Zeitweise habe ich immer kleine, unbekanntere Dinge erzählt, schon um Lücken in Gesprächen auszufüllen und um peinliche Stimmungen zu vermeiden. Jedoch bin in einerseits jetzt zu alt, andererseits besteht kein Interesse oder die Geschichten werden nicht mehr verstanden weil sich die Verhältnisse geändert haben. Da ist beispielsweise diese Geschichte, daß sich die mathematische Begabung vom Vater auf den Schwiegersohn vererbt. Das war zeitweise eine wahre und witzige Geschichte. Die Eltern hatten das erste Wort bei der Wahl des Schwiegersohns, und welcher Mathematiker verheiratet seine Lieblingstochter nicht gern mit seinem Lieblingsschüler. Aber in den letzten Jahren wurde diese Geschichte nur sozialkritisch aufgenommen. Sie sei nur ein Ausdruck dafür, wie innerlich faul diese Gesellschaft gewesen sei. Es schliesst sich dann eine lange Rederei über Reformen und Chancengleichheit an. Ich weiss nicht wie gern einer, der da besonders heftig redet, ein paar Jahre später seine Tochter mit einem vertrauenerweckenden jüngeren Kollegen verheiraten würde. – Nun, Geschichten sind also eine heikle Sache! Vielleicht aber nicht die von Riemanns Witwe und dem älteren Hölder. Dieser nämlich wohnte bei Riemanns Witwe. Eines Tages erzählte er ihr stolz, er habe im Seminar einen Vortrag über eine Riemannsche Arbeit zu halten. Es war lange nach Riemanns Tod, seine Frau hatte ihn ja jahrzehnte überlebt. Frau

Über Geschichten

Riemanns Witwe

Riemann war erstaunt, daß man noch nach so vielen Jahren Riemanns Arbeiten in einem Seminar vortrug. Sie wurde nachdenklich und soll anschliessend gesagt haben: „Er war ja auch immer sehr fleissig."

Juli 1983

Ich möchte noch von unserer grossen Reise erzählen. Siegel war 42, ich war 24, und er meinte es sei an der Zeit mir etwas von der Welt zu zeigen, und auch wie man darin leben kann. Für ihn war alles déjà vue, für mich war es neu und grossartig. Es ging von Basel bis Rom. Mit Rucksack und vorausgeschickten Koffern, aber natürlich ohne vorbestellte Hotels. Gewandert sind wir aber nur in der Schweiz, ganz wenig in Italien. Malutensilien wurden mitgenommen, auch daran war Siegel gewöhnt, während für mich das Malen nur ein Jungmädchentraum geblieben war. Auch Papier, Bleistift und einige Separata wurden in Siegels grossen Schrankkoffer gepackt. Dieser hatte einen sehr strengen Eigengeruch, er hatte schon unzählige grosse Reisen überstanden, aber das konnte den Separata ja nichts schaden. Mit Rucksack zu wandern war mir im Harz beigebracht worden, aber ich habe es nie richtig gelernt und nie gemocht. Ganz schlimm war es mit den Füssen. Fusssalben halfen garnichts, ich war halt immer an vielen Stellen mit Leukoplast verklebt. Gegen wollene Socken bin ich allergisch, Wanderstiefel sind für mich ein Graus, aber man kann ja keine Bergtouren in leichtem Schuhwerk machen. Ich überstand trotzdem viele Pässe, habe die grossartige Aussicht genossen, mich über manchen Gletscher hinweg dick eingemummelt, und sogar Murmeltiere gesehen. Die schweizer Hütten waren damals komfortabel im Vergleich zu den italienischen. An hübschen Orten wie Engelberg oder Zermat haben wir auch 2/3 Tage Rast eingelegt und sind gelegentlich mit der Eisenbahn gefahren. An Rilkes Grab haben wir in der Sonne gesessen und jeder hat deklamiert. Ich selbst kannte viele von Rilkes Versen auswendig, aber Siegel war natürlich besser im Verständnis des dunklen Sinns. Drei Wochen sassen wir hoch oben an einem See, davon 14 Tage in den Wolken. Wir hatten ein Chalet gemietet, so eines, das im Hochsommer grosse Familien beherbergt. Es war so schön, daß es morgens Ziegenmilchkakao gab – der für mich ein Brechmittel war – nur damit man sich jeden Tag an die Härte des Lebens erinnern sollte. Nein, das leuchtete mir nicht ein! Jeder von uns hatte mehrere Zimmer zur Verfügung, jedes mit Betten für eine Grossfamilie. Aber es gab auch zwei wackelige Tische. Siegel schrieb an einer Arbeit, ich rechnete auch an etwas herum. Aber der Nebel ging Siegel nach einiger Zeit doch auf die Nerven. Wir

Große Reise mit Siegel

Im Chalet

zogen also weiter nach Süden und machten in einem ziemlich gottvergessenen Nest am Südhang nochmal Station, in Pinzolo. Es gab da ein Hotel in das wir zum Essen gingen. Wir hatten ein kleines Häuschen gemietet. Jeder sass wieder an einem wackeligen Tisch und die Seiten beschriebenen Papiers nahmen zu. Hier konnte auch ein bischen gemalt werden. Es war also durchaus geruhsam, obwohl das Häuschen voller Mäuse war. Ein ganz neues Gefühl für mich: Man wacht nachts auf und bemerkt, daß eine ganz kleine Maus auf den Kleidern sitzt, die man auf einen Stuhl gelegt hatte. Und die kleine Maus schaut einem aufmerksam beim Schlafen zu. Das Hotelessen war natürlich mässig, besonders der Parmesankäse, der stets auf dem Tisch stand und den man sich auf die Suppe streuen musste damit sie überhaupt nach etwas schmeckte, widerte mich an. Schliesslich biss ich mir eines Abends an hartem Brot einen

Venedig Zahn mittendurch – und ab ging es nach Venedig. Grosse Stadt mit reichlich Zahnärzten. Es regnete stark. Alle Fremden, die sich am Lido einquartiert hatten, waren in die Stadt gezogen, also mussten wir an den Lido. Was man sich so mit 24 unter dem Lido vorgestellt hatte, und wie er wirklich war! Ich träumte von „Strand", und das besagte hier „Badehäuschen". Nun, wir waren ja ohnehin nicht des Badelebens wegen gekommen. Dazu war Venedig viel zu schön. Wir fuhren also täglich mit dem Vaporetto in die Stadt. Ich habe mich nicht nur in Brücken, Tizians und Paläste verliebt, sondern in die vielen kleinen süss aussehenden Steinlöwen. Und dann war da ja auch der tägliche Gang zum Zahnarzt. Wir hatten einen aufgetrieben, der in Deutschland studiert hatte. Die Praxis lag hinter dem Markusdom. Ich jauchzte täglich über die herrlichen Zirkuspferde, die inzwischen kunsthistorisch interessant geworden sind und vor dem vorzeitigen Verfall bewahrt werden sollen. Und Siegel war, wie immer wenn das wirklich nötig war, sehr vernünftig, er verhielt sich ganz ruhig und sah gelassen zu, wie die Tauben den Markusdom verdreckten.

Ich lernte also wirklich etwas von der Welt kennen, und das aus vielen Perspektiven. Siegel hätte es ohne mich vielleicht anders eingerichtet, denn die Museen in Venedig, Florenz, Rom kannte er natürlich schon. Italienisch konnte er genügend viel fürs tägliche Leben eines Touristen, und ich konnte es bald auch. Vom Faschismus hat man als Fremder wenig gemerkt, Siegel sagte allerdings es sei vor Mussolini unsauberer gewesen. Und natürlich musste man, wie in jeder Diktatur, über Nacht den Pass im Hotel abgeben. Eines war allerdings unabhängig von Diktatur und hat das Leben erleichtert: Es gab fast keine Autos. Man konnte sich also auch tagsüber in Ruhe Brunnen und Paläste anschauen, was jetzt ja doch höchstens noch im Morgengrauen möglich ist. Zum Abschluss der Reise, 3 Wochen in Rom war das Wanderzeug endgültig in dem grossen Koffer verschwunden. Es fing auch schon an kühler zu werden. Und Siegel wollte mir, neben Kunst und Kultur auch etwas von der grossen, teuren Welt zeigen. Wir wohnten also im Hassler, aber ich weiss nicht einmal mehr welchen Eindruck diese Pracht und das zugehörige Publikum auf mich damals gemacht hat, wahrscheinlich eben jenen, der einem durch Edelkrimis vermittelt wird. Aber wer verliebt sich nicht in den Pincio, die spanische Treppe und die Via Margutta, wo die Barockmadonnen angefertigt werden und diese unvergleichliche jahrhundertealte Patina bekommen. Aber wir haben keine Münze in die Fontana di Trevi geworfen, und sind nie mehr zusammen nach Rom gekommen. *Rom*

Es war Ende September, ich fuhr nach Frankfurt, Siegel nach Berlin. Nach dem, was er gelegentlich erzählte, hat Siegel den Oktober stets in Berlin bei seinem Vater verbracht, und – wegen der vorhergehenden Ferien erholt – ziemlich scharf gearbeitet. Nach dem Tod seines Vaters besuchte er seine Stiefmutter, blieb jedoch nicht mehr so lange in Berlin. *Rückkehr*

Wenn auch schon vorher manche politische Schatten vorhanden waren, wirklich verdüstert hat sich der Himmel bei Kriegsausbruch. Nun hatte man nicht mehr die Idee das dritte Reich liesse sich einigermassen glimpflich überstehen. Für meine Familie stand die Sorge um meinen Bruder im Vordergrund, der schon vorher zum Wehrdienst eingezogen worden war. Allerdings überlebte er bis Dezember 1942. Peter blieb die ersten Kriegsmonate verschont, der Jahrgang 1910 wurde, sofern keine militärische Ausbildung vorlag, zunächst noch nicht eingezogen. Er wollte um keinen Preis Kriegsberichterstatter werden. Ich kann mich noch so gut daran erinnern, wie ich mich freute ihn in den Weihnachtsferien 39/40 in Frankfurt zu treffen, und wie bedrückt wir durch die wohlvertrauten Strassen liefen, weil Peter sich gleich nach Neujahr in der Kaserne melden musste. Er hat es dann aber wenigstens geschafft zu einer Nachrichteneinheit zu kommen, den Krieg in Russland zu überstehen, und sogar zweimal aus einem Gefangenenzug Richtung Ural auszubrechen. Wochenlang war er zu Fuss 1945 Richtung Heimat unterwegs, er kam wenigstens an. *Kriegsausbruch* *Peter*

Zu Kriegsausbruch 1939 wurden als erstes Trimester an der Universität eingeführt. Man sollte möglichst die ganze Zeit Kurzausbildungen anbieten. Aber September war noch frei. Siegels Stiefmutter bat mich, ihn möglichst nicht „aus den Augen" zu lassen, da sie wusste, wie es ihm 1914/18 ergangen war. Viel konnte ich allerdings nicht tun.

November 1983

Reisen 1983

Ich hatte im Sommer dieses Heft auf die Seite gelegt. Es war sehr heiss und ich kann Hitze und Sonne nicht mehr so gut überstehen wie vor 50 Jahren. Damals ging ich dann schwimmen, heute setze ich mich mit einem Buch in den Schatten. Inzwischen war ich eine Augustwoche in Oberwolfach, Freunde zu treffen, die 1947 im Nebenhaus wohnten als wir in Princeton waren. Dann kam im September die DMV Tagung in Köln. Zwischendurch war ich in Göttingen und habe auch meinen Neffen Robert in Tübingen besucht. Schliesslich war ich im Oktober zu einem Vortrag nach Freiburg eingeladen. Dort war ich bei Schneiders zu Besuch. Schneiders, Theo und Mike, haben kurz nach dem Krieg in Göttingen geheiratet. Beide wohnten in Herglotzens Haus. Anlässlich von Siegel's Begräbnis hatten wir zusammen nach Herglotzens Grab gesucht und es nicht gefunden. Inzwischen fanden Schneiders das Grab, es muss in schlimmem Zustand gewesen sein. Schneiders „kümmern" sich jetzt darum. Schneider hat auch eine ganze Reihe von Oelbildern und Kreidezeichnungen Siegels nicht nur gekauft sondern sogar rahmen lassen und in seinem Haus in Freiburg aufgehängt. Nun, die Bilder sind wohl nicht ganz schlecht, aber seinen Lebensunterhalt hätte Siegel nicht damit verdienen können. Aber warum sollte Siegel auch ein guter Maler sein? Es war ein Hobby, das er zeitweise betrieb, aber nur auf Reisen.

Besuch bei Schneiders

Zu Kriegsbeginn hatte Siegel nicht mehr gemalt, und später auch nicht mehr. – Es war wirklich nicht leicht es mit ihm zu ertragen nachdem der Krieg ausgebrochen war. Weite Reisen konnte man nicht mehr machen. Österreich allerdings war inzwischen „heimgekehrt ins deutsche Reich", es galt also nicht als Ausland und man konnte ohne weiteres dorthin reisen. So verbrachte ich mit Siegel einige Wochen am Wolfgangsee, Herbst 1939. Wir fuhren oder wanderten garnicht herum. Also habe ich damals nur den See und die umliegenden Berge kennen gelernt, aber nicht das Salzburger Land. Bald nach dem Krieg war ich in den Ferien häufig mit Schaffeld in Berchtesgaden, und auch auf dem inzwischen zerbombten Obersalzberg. Inzwischen ist da wohl das meiste abgetragen, aber mit Schaffeld konnte ich noch die Ruinen und Bunker besichtigen. Ein merkwürdiges Gefühl! Ein ähnliches hat man, wenn man an den Mauern des Lenin-Hügels vorbeifährt. Zu denken wie viel Leid und Elend auf der einen Seite, und auf der anderen diese Leute, die sich ebenso in ein Gefängnis sperren, wenn auch mit allem Komfort.

Mit Siegel am Wolfgangsee

Also, Wolfgangsee, nicht weit vom Obersalzberg wo das Schicksal entschieden wurde. Siegel und ich mieteten wieder ein Chalet, aber nicht unmittelbar am See. Wieder waren schon die Hotels geschlossen, wie das Jahr vorher in Champex. Kein grosser Schrankkoffer, aber Wanderzeug mit Schreibpapier wie gehabt. Diesmal hatten wir eine Veranda, die noch hübsch warm wurde wenn die Sonne darauf schien. Wir konnten also arbeiten, Siegel irgendwo im Haus, ich auf dieser Veranda. Er war keineswegs mit meinen mathematischen Fortschritten zufrieden. Der Kriegsbeginn hatte mich zu sehr getroffen, obwohl ich versuchte Ruhe zu bewahren. Er versuchte das garnicht, er schmiedete Pläne, er wollte unbedingt weg. Aber vorerst mussten wir die Zeit überstehen und uns ein bischen erholen um das am 1. Oktober beginnende Trimester zu überstehen. Es herrschte zwar noch keine Hungersnot, aber am Wolfgangssee war man nicht mehr auf Gäste eingestellt. Die tägliche Ernährung wurde schwierig, nur eine der Gastwirtschaften war mittags noch geöffnet. Natürlich war sie überfüllt, Siegel war gereizt, und deshalb ereignete sich wieder eine für ihn typische Geschichte. Die Bedienung hatte nicht sofort für uns Zeit. Er rief zweimal laut nach ihr. Dann fing er an laut zu schimpfen und ging raus. Ich hinterher. Wortlos lief er zum Chalet. Über Nacht überlegte er sich dann wohl, daß wir eben doch irgendwo einmal am Tag warm essen sollten, und daß wir garnirgends einkaufen konnten um selbst zu kochen. Die Einheimischen hatten ihre Quellen, für die Fremden gab es nur in der Saison Läden – man sollte in Restaurants essen oder im Hotel. Also wurde ich früh morgens von Siegel in die Gastwirtschaft geschickt um mich zu entschuldigen und zu bitten, daß wir wieder zum Essen kommen konnten. Wahrscheinlich hatten die Leute Mitleid mit mir und erlaubten es. – Kürzlich hat Schneider ganz ähnliche Geschichten erzählt. Schneiders waren (wie andere „jüngere" Kollegenehepaare) häufig mit Siegel in der Schweiz, allerdings erst so nach 1960/70. Es ging meist darum, daß Siegel von der Bedienung nicht besser behandelt wurde als andere Gäste. Hinterher, ich meine nachdem mein Kontakt zu Siegel abgebrochen war, fand ich es merkwürdig, daß mir diese ewige Unausgeglichenheit nicht mehr ausgemacht hatte. Einen Streit hätte ich deshalb nicht inszenieren können, das konnte ich nie. Aber ich bin geblieben und nicht, wie es an sich meine Art war weggegangen. Wahrscheinlich weil Siegel es verstand, einen derlei Dinge rasch wieder vergessen zu lassen.

Bald ging diese Idylle zu Ende, das Trimester in Göttingen begann. Wie es mathematisch war, weiss ich nicht mehr. Mit meinen Gedanken war ich häufig bei meinem Bruder, der immerhin den Po-

Ärger in der Gastwirtschaft

Trimester in Göttingen

lenfeldzug heil überstanden hatte. Vom sonstigen Kriegsgeschehen versucht man in solchen Zeiten sich möglichst abzukapseln, zumal das tägliche Leben genügend viele Schwierigkeiten auftürmte. Siegels Gemütszustand wurde verständlicherweise immer schlechter. In solchen Zeiten brütete er stundenlang vor sich hin, d.h. er brütete ganz absonderliche oder auch nur triviale Dinge aus. Alles wurde damals rationiert. Wenn nur bestimmte Dinge rationiert werden, geht es ja; man weicht aus auf andere. Und für einiges kann man noch rechtzeitig Vorräte anlegen, etwa Papier. Aber bereits Seife war ein Engpass, es gab nur gepressten Sand, und auch das nur auf Marken. Ich habe in dieser Zeit mal geträumt, daß es in einem Blumenladen Tulpen gab, ich aber keine bekam, weil es notwendig gewesen wäre ebenso viele verwelkte Tulpen abzugeben – und solche hatte ich nicht. Na, das war harmlos. Aber das Essen wird in solchen Zeiten wirklich schwierig. Keine Esswaren gab es ohne Marken und in den Lokalen musste man nicht nur bezahlen sondern auch entsprechende Marken abgeben. Dazu musste man sich „Reisemarken" beschaffen, Fleisch 100gramm weise, Butter oder Fett 10gramm weise. Da es nur 500 Gramm Fleisch und 125 Gramm Butter pro Woche gab, lässt sich ausrechnen wie man wirtschaften musste. Es blieb also nichts übrig als mit Siegel zu kochen, d.h. zu essen was irgend aufzutreiben war. 1939/40 ging das noch einigermassen, da es immer mal etwas ohne Marken gab, was in späteren Kriegsjahren nie mehr aufzutreiben war. Zum Beispiel gab es in einem Delikatessenladen, sicher aus einem eroberten Land, sogar einige Wochen frische Gänseleber. Es hätte niemandem genützt, wenn man sie aus Solidarität mit dem betreffenden Land nicht gekauft hätte. Also wurde jede Woche, wenn der Delikatessenladen eine Lieferung bekam, nichts als gebratene Gänseleber gegessen. Und nach 2 Tagen wieder gehungert.

Siegel traf in diesem Winter 39/40 eigentlich nur Reisevorbereitungen. Aber ich weiss nicht mehr wie er abreiste. Ich muss das so total verdrängt haben, daß mir keine Handlung und kein Wort mehr im Gedächtnis geblieben ist. Er muss doch einfach gesagt haben, daß ich gut auf mich aufpassen solle und daß wir uns in besseren Zeiten wieder treffen werden. Auch, daß wir lange nicht voneinander hören werden.

Man wird vielleicht fragen, warum nie die Rede davon war zu zweit Deutschland zu verlassen. Davon war auch die Rede, aber eben nur kurz die Rede. Für mich wäre es undenkbar gewesen meine Eltern und meinen Bruder zu verlassen. Die Eltern brauchten meine Hilfe, auch finanziell. Und Ungewissheit über meinen, damals 23-jährigen Bruder hätte ich schlechter ertragen können als anderes.

Meinen Entschluss habe ich auch später nie bereut, nicht in den gefährlichen Situationen im Krieg und niemals danach. Jeder ist eben anders veranlagt.

Ohne es noch deutlich zu wissen, muss ich angefangen haben „wie eine Irre" zu arbeiten. Zwar erinnere ich mich auch daran, daß ich ein Restaurant fand, in dem man einfach seine Essmarken ablieferte und die ganze Woche dort zu Mittag essen konnte. Ich freundete mich mit einer etwas jüngeren Chemie-studentin an, mit der ich gemeinsam ass und Spaziergänge machte. Die Freundschaft hat den Krieg über bestanden und sich dann langsam aufgelöst. Ich fand auch andere Freunde, insbesondere Schaffeld, der eines Tages kam und sich nach Siegels Verbleib erkundigte.

Von Siegel hörte man lange nichts. Wie seine Reise verlief, wurde in Deutschland erst nach Kriegsende bekannt. Es dauerte Monate bis ich seinen ersten Rote-Kreuz-Brief bekam, 25 Worte „Ich bin in Princeton ... ." Man konnte, und das nur selten, solche kurzen Mitteilungen schicken, und auch diese nicht mehr nachdem der Krieg voll ausgebrochen war. Ich glaube, von Siegel habe ich überhaupt nur einen einzigen solchen Rote-Kreuz-Brief bekommen. *Siegels Abreise 1940*

Nachdem Siegel im Frühjahr 1940 „geflohen" war, änderte sich auch sonst fast alles am Göttinger Mathematischen Institut (und überhaupt an der Uni). Die Männer wurden eben eingezogen, ein Jahrgang nach dem anderen, Reservisten zuerst. So kam es, daß Hasse schon bald eingezogen wurde. Er war Jahrgang 1898, hatte es aber bereits im ersten Krieg bei der Marine zu einem Offiziersrang gebracht. Er fuhr zwar nun nicht mehr zur See, aber weg war er, meist in Berlin. Studenten wurden gewöhnliche Soldaten, der eine oder andere kam dann im Lauf des Krieges als „Kriegsversehrter" zurück, die meisten kamen nicht zurück. Mit Assistenten und Privatdozenten lief es weniger verlustreich. Man bildete sie zu Spezialisten aus, und da gab es für Mathematiker viele Möglichkeiten von der Meteorologie bis zum Dechiffrieren. Hasse legte seine Algebra-Vorlesung vertrauensvoll (oder nicht) in meine Hände, ich war 25 Jahre alt und sah aus wie 18. Rohrbach, der die Bibliothek verwaltet hatte, übergab mir die Bibliothek. Ich muss schon sagen, daß dies eine aufwendige Arbeit ist! Jedes Buch, jedes Zeitschriftenheft muss registriert werden. Hefte müssen ausgelegt, gesammelt und Bände zum Buchbinder gegeben werden. Man muss nachsehen was erscheint und das notwendige – je nach Etat – bestellen. Man muss die Vorworte lesen um das Buch im Sachkatalog einordnen zu können. Ein langer Weg bis dann das Buch – selbstverständlich auch von mir – an die richtige Stelle gestellt werden konnte. Freilich gab es nicht so viele Bücher und Zeitschriften wie heut- *Änderungen am Institut*

Verwaltung der Bibliothek

zutage, freilich lies der Eingang im Lauf des Krieges nach, insbesondere weil wenig aus dem Ausland kam. Es gab aber auch keine Bibliothekare an den Instituten. Die Arbeit wurde von einer Sekretärin, neben den anderen Arbeiten, gemacht, sofern es sich um Routine handelte, Bestellen und Einordnen von einem dazu beauftragten Assistenten. In Göttingen war es Aufgabe des Oberassistenten. Da aber sowohl der Göttinger Sekretär (es war leider nicht wie üblich eine Sekretärin) als auch der Oberassistent Rohrbach sehr bald eingezogen wurden, blieb es an mir hängen. Nur wurde einer *Ein Drache* der „Drachen" in das Geschäftszimmer abkommandiert. Die Dra-
fürs Büro chen waren eigentlich nur da um aufzupassen, daß keine Bücher aus der Bibliothek mitgenommen wurden und pünktlich geöffnet und geschlossen wurde. Es waren durchweg ältere Fräulein, die auf diese Art ihre spärlichen Bezüge aufbesserten. Das Fräulein, das ins Geschäftszimmer gebeten wurde, konnte weder tippen, noch hat sie je gelernt unter welcher Kapitel-Nummer Büroklammern oder Zeitschriften einzutragen waren. Also schrieb ich alle notwendigen Briefe und trug alles ein. Sie bediente allerdings das Telefon. Ich hatte aber hart zu kämpfen damit sie in den Bürostunden anwesend war. Einen jungen Chef hätte sie wahrscheinlich angehimmelt, ihm den Mantel ausgebürstet. Nein, nicht Kaffee gekocht, denn Kaffee gab es damals nicht. Zu mir war der Drachen jedenfalls unfreundlich. Zu fest hatte sich die Idee bei ihr eingeprägt, daß sie das ältere, erfahrenere Frauenzimmer war, also zu dominieren hätte. Es half garnichts, wenn ich auf ihre Nörgelei hin sagte (und das natürlich lachend): „Morgen halten Sie die Vorlesung und ich setze mich ans Telefon." Jedenfalls konnte ich sie nicht ertragen, wenn ich in der Verwaltung etwas tun musste, was Nachdenken erforderte. Die Bibliotheksarbeit machte ich also Sonntags(vormittags).

Es sieht vielleicht so aus, als ob ich meine Verwaltungsarbeit überschätzte. Aber ich plaudere ja nur so darüber. Ich weiss sehr *Leitung* wohl, daß die Leitung eines Instituts wichtiger ist als Bibliotheks-
des Instituts arbeit. Und ich weiss auch, daß „Leitung" eigentlich die Mathematische Leitung betrifft. Und die wurde bestens von Kaluza und Herglotz erledigt. Es muss unwahrscheinlich gewesen sein, wie viele Prüfungen Kaluza abhielt. Ich selbst wurde erst Ende des Kriegs zugelassen einige der Prüfungen abzuhalten. Kaluza hat den Krieg überstanden und auch nachdem das Institut von jungen Leuten wieder wimmelte, meldeten sich die Studenten lieber bei ihm zum Examen. Er ist einige Jahre nach Kriegsende plötzlich verstorben, im Omnibus, nachdem er Examina abgenommen hatte. Von 1940 bis Kriegsende (ungefähr) ging ich allein einmal wöchentlich mit
Herglotz Herglotz spazieren. Sehr zum Unwillen seiner Haushälterin Schwe-

ster Louise. Natürlich sah sie es so, daß sie die Arbeit machte während er mit einer viel zu jungen Dame spazieren ging. Es war ja auch irgendwie unglücklich für sie, daß etwas was als Liebschaft angefangen hatte, nicht in einer Ehe mündete wie sie es sich erträumt hatte. Was nützt da alle Liebe, wenn die Träume sich nicht erfüllen! Ich hielt mich daher möglichst fern von Herglotz' Haushalt. Eine Wohnung hatte ich ja, zunächst kurze Zeit Siegels Wohnung und anschliessend meine zwei Zimmer unterm Dach, mit Aussicht auf Hilberts Garten. Ende des Kriegs musste Herglotz viele Zimmer abgeben, nach den Bombenschäden mussten ja Menschen die keine Bleibe mehr hatten irgendwie untergebracht werden. Am Nationalsozialismus vergisst man zwar meist die soziale Komponente, aber diese war sehr deutlich vorhanden. Primitive Menschen wurden deshalb gern in vornehme Haushalte gesteckt, und vornehme Leute in primitive Verhältnisse. Man hatte allerdings die Möglichkeit selbst sich nach Hausgenossen umzusehen. So war bei Kriegsende eine ganze Reihe von Mathematikern in Herglotzens Haushalt. Auch eine junge Frau fand sich ein, Herglotz machte ihr den Hof, und Schwester Louise liess aus Wut das Essen anbrennen.

Irgendwie geht das Leben ja auch in einem Krieg weiter. Man verhält sich natürlich anders, wenn jeder Tag der letzte des Lebens sein könnte, oder zumindesten Menschen mit denen man innerlich verbunden ist, häufig in Gefahr sind. Man macht auch beschwerliche Wege um jemanden für ganz kurze Zeit zu sehen. Und als junger Mensch geht man tanzen so bald das erlaubt ist. Man trifft sich für einen Tag oder eine Nacht, und der, der mitten in der Nacht weg muss, macht dem anderen, als Geschenk die Zahnpaste auf die Zahnbürste. So etwas geht natürlich auch in „guten" Zeiten, aber da ist es wohl seltener. *Das Leben im Krieg*

Am 14. November 1940 hatte mein Vater 70ten Geburtstag und die Familie konnte sich nochmal gemeinsam in Frankfurt treffen. Die Wohnung war überbevölkert, aber ja nur für wenige Tage. Es war das letzte mal, daß wir mit meinem Bruder so ungezwungen zusammen sein konnten. Sonst sah man ihn immer nur für Stunden, auf dem Weg Stettin–Frankfurt, mit Unterbrechung in Hannover (bei meiner Schwester Alma) und in Göttingen (bei mir).

Bereits 1939 (oder 38?) hatte ich eine Einladung aus Jena zu einem Kolloquiumsvortrag bekommen. Quadratische Formen. Es war ein so schönes Gefühl im D-Zug am Fenster zu stehen, einen fertigen Vortrag in der Tasche und auch bereits im Kopf. Ich hatte meine besten Kleider angezogen; da es Winter war trug ich meine schwarze, aus winzigen Fohlenstückchen zusammengesetzte halblange Jacke. Sie sah gut aus zu meinem blonden Haar. Ich war *Einladung nach Jena* daran gewöhnt, daß mir die Männer nachschauten. Aber langsam hörte das mit dem Schwinden des Jugendschmelzes auf. Ausserdem ist es nicht wichtig für eine junge Frau, die dazu neigt geistesabwesend zu sein. Und wenn man zu seinem ersten Kolloquiumsvortrag fährt, braucht man zur Hebung des Selbstbewusstseins nicht unbedingt begehrliche Männerblicke. Natürlich weiss ich nicht mehr wie der Vortrag verlief, aber angestrengt hat mich so etwas damals bestimmt nicht. Genau erinnere ich mich aber nur an die Hinfahrt und den Blick in die Landschaft. Das Gedächtnis ist eine wunderliche Sache, nicht bei Computern, aber bei Menschen. Ein wenig besser erinnere ich mich an eine Einladung nach Hamburg, Winter 1940. Die Kolloquien gingen ja auch im Krieg weiter (ich weiss nicht mehr wie es in den letzten Kriegsjahren war, da dann so viele Eisenbahnzüge beschossen wurden. Privatautos gab es nur für Parteibonzen), zu Kriegsbeginn war alles noch so wie vorher. Zum Vortrag eingeladen hatte Blaschke, also kam Hecke nicht zum Vortrag. Hecke lud mich jedoch zum Mittagessen ein, zusammen mit einem seiner Freunde. Und wo wurde gegessen? Bei Michelsen! Und wo habe ich gewohnt? In den Vier Jahreszeiten, dem auch heute noch besten Hotel Hamburgs. Das Mittagessen bei Michelsen hat Hecke bezahlt, ein Ordinarius konnte sich das damals leisten. Das Hotelzimmer in den Vier Jahreszeiten konnte ich ohne weiteres von dem Geld bezahlen, das ich für den Vortrag bekam. Es war ein kleines Zimmer mit Blick auf den Hof. Das Frühstück liess ich mir aufs Zimmer kommen und stopfte mich voll mit süssen Franzbrötchen.

Einladung nach Hamburg

Habilitationsarbeit

Mein Hamburger Vortrag war bereits über hermitische Formen. Ich war ja seit einiger Zeit dabei an meiner Habilitationsarbeit über Hermitische Formen zu schreiben. Es ist meine erste Arbeit die in den Hamburger Abhandlungen publiziert wurde. Sie hat mir grossen Spass gemacht. Inzwischen wusste ich ja über Siegels Hauptsatz Bescheid. Ich hatte auch Stellen des Beweises verändern können. Ich schreibe „verändern" und nicht vereinfachen oder verbessern. In Siegels Beweis steckte ein Satz von Hasse, sozusagen Lokal-global Prinzip, das ja bei quadratischen Formen seine Tükken hat. Wenn man aber bedenkt, daß heutzutage alles über den Quotientenkörper gemacht wird, ist das wohl doch die richtige Methode. Meine Methode hatte das vermieden und dafür einen Geschlechtersatz verwendet, der mittels Theta-Transformation bewiesen wurde. Ich frage mich manchmal, was ich jetzt mathematisch arbeiten würde, wenn ich jetzt ein junges Mädchen wäre. Nun, auch heute hinge es wohl davon ab welchen Lehrer ich hätte und welche Bücher mir gerade in die Hände fielen.

28.11.83

Man sieht, wie ich hoffe deutlich, daß langsam meine mathematische Laufbahn beginnt. Ich lernte nicht nur die praktische Seite einer Institutsleitung und einer Bibliothek kennen, sondern auch die damit verbundenen Entscheidungen. Ich lernte Vorlesungen und Übungen abzuhalten und in jeder freien Minute mir etwas zu überlegen. Ich habe letzteres nie anders als „Rechnen" genannt, denn ich wusste sehr wohl, daß es nicht die ganz grossen Probleme waren mit denen ich mich erfolgreich beschäftigte.

Beginn einer Laufbahn

„Rechnen"

Vor mir stand die Habilitation, aber eigentlich habe ich nie viele Gedanken an rein äusserliche Vorgänge verschwendet. Es war notwendig sich zu habilitieren, wenn man an der Uni bleiben wollte. Und wenn es nicht gehen sollte, schadete der Dr. habil. – so hiess die wissenschaftliche Seite der Habilitation damals – keineswegs. Man erlaubte auch Frauen dieses Examen im Dritten Reich. Allerdings hatte man Hürden, besser gesagt unüberwindbare Hindernisse eingebaut um Frauen den Verbleib an der Universität zu verbauen. Zur Erlangung der Dozentur gehörte ausser dem Dr. habil. noch eine Habilitationsvorlesung, vor allen Dingen die Zulassung dazu. Ausserdem gehörte der Besuch eines (6 oder 8 wöchigen?) „Dozentenlagers" dazu. Und dieses war Männern vorbehalten. Zu aller Freude wurde das Dozentenlager zu Beginn des Krieges abgeschafft; die Männer wurden ja ohnehin eingezogen, und das war kein Spiel mehr sondern bitterer Ernst!

Dozentenlager

Die Habilitationsarbeit hatte ich im Herbst 1940 eingereicht und auch die drei Themen für den Vortrag vor der Fakultät. Ich habe nur das eine im Gedächtnis behalten, das ausgewählt wurde. Es musste eines sein, das nicht im Arbeitsgebiet lag und ich dachte, die Grundlagen der Geometrie könnten auch für Nichtmathematiker interessant sein. In der Schule hatten sie ja einen Teil der Axiome kennen gelernt und die Sätze von Desargues und Pascal sind ja auch für Nichtmathematiker interessant.

Habilitationsvortrag

Herglotz und Kaluza hatten sich meiner Habilitation angenommen, und auch der von Gentzen. Gentzen, der Logiker, hatte es schlechter als ich. Er bekam zwar einen Tag vom Militär frei um vor der Fakultät zu erscheinen, die übrige Zeit musste er aber Infanterieausbildung machen. Er war dann lange beim Militär, wurde wohl schliesslich doch beurlaubt, kam aber bei Kriegsende in der Tschechoslowakei um.

Gentzen

Gentzen konnte vorher keine Besuche bei den Fakultätsangehörigen machen. Ich aber hatte ja Zeit dafür. Herglotzens Freund, der Botaniker Schmucker hatte mir vorher ins Gewissen geredet mich

Besuche bei der Fakultät

Der entscheidende Nachmittag

ordentlich anzuziehen und gut zu benehmen. Das tat ich, soweit ich es überhaupt tun konnte. Über die Gespräche mit den hohen Herren weiss ich nichts mehr, zurückhaltend war ich aber bestimmt. Und für den entscheidenden Nachmittag zog ich das einzige passende Kleid an, das ich besass. Ich hätte es schon für die Promotion anziehen sollen, aber dabei wollte ich ja zuhause nicht sagen, daß ich im Begriff war eine Prüfung zu machen. Bei der Habilitation hingegen, gab es ja in Göttingen keine Familienmitglieder. Das Kleid war übrigens mein Einsegnungskleid der Konfirmation: Schwarz, mit grösserem weissem Einsatz und weisser Fliege. Ich muss darin entzückend und ganz wie eine etwas reifere Konfirmandin ausgesehen haben.

Kurz vor Weihnachten stand ich also im Konfirmandenkleid gemeinsam mit Gentzen im Gang der Göttinger Aula vor einer dieser 4 Meter hohen Türen. Lange natürlich: Zunächst war es hinter der Tür leise. Dann wurde es lauter. Es gab einen brillanten Wortwechsel, wie ich ihn später oft hörte. Der Inhalt allerdings war verschieden. Einer sagte Gentzen habe ihn nicht vorher besucht, und das sei doch üblich. Dabei ging es noch leise zu. Aber dann kam der Punkt an dem ich, das einzige Mal in all den Jahren, Herglotz mit erhobener Stimme habe reden gehört. Ein Kollege aus der Physik hatte nämlich gesagt: „Und immer diese Habilitationen am Mathematischen Institut." Ob das auch in hundert Jahren noch so zugehen wird? Immerhin sind ja bald 50 vergangen. Heutzutage gibt es vielerorts „Fachbereiche" statt Fakultäten, und die Sache ist mehr aufgegliedert. Aber zwischen reiner und angewandter, Pardon, mehr und weniger anwendbarer Mathematik könnte ein ebensolcher Schlagabtausch geschehen. Nun, hinter der Tür wurde es wieder leiser, dann wurde erst ich und später Gentzen hereingerufen. Ob mein Konfirmandenkleid die Gemüter beschwichtigt hat, oder ob einer dachte „Diese verdammten Weiber, und nun auch hier vor der hohen Fakultät."? Ich weiss es nicht. Die Gedanken sind ja frei. Und ich habe kein Wörtchen darüber gehört, daß meine holde Weiblichkeit jemanden störte. Sonst hätte Herglotz wohl noch viel lauter gebrüllt. Schliesslich hatte Göttingen schon vor Emmy Noether in der Mathematik seit Hilbert eine gewisse weibliche Note.

Das hübsche Integral

Und damit das ganz klar ist: Wenn heutzutage immer wieder Frauen sich benachteiligt fühlen, dann kann ich zwar mitfühlen, aber ich selbst habe mich nie benachteiligt gefühlt. Immer wieder habe ich gesagt, daß die Mathematiker von jedem Frauenzimmer begeistert sind, das ein hübsches Integralzeichen an die Tafel schreiben kann. Jedenfalls ist das meine langjährige Erfahrung. Und diese Rede, daß eine Frau doppelt so viel leisten müsse wie ein Mann um eine bestimmte Position zu erreichen? Na, die zeigt ja wohl nur, wie sehr sich manches Lebewesen überschätzt.

An die Weihnachtsferien 1940/41 kann ich mich überhaupt nicht erinnern. Natürlich fuhr ich nach Frankfurt. Vielleicht hatten Robert oder Peter ein paar Tage Urlaub. Peter war vom ersten Tag an in Russland, es kann sehr gut sein, daß er Weihnachten dort verbrachte, er war in dieser Zeit ganz vorn an der Front. Robert aber muss in Stettin gewesen sein. Er hatte ja 1940 in Frankreich eine Verwundung überstanden, eine Kugel war durch den Unterschenkel gesaust, zwischen den beiden Knochen. Jedenfalls gab es in diesem Winter (und den folgenden) noch keine Bombennächte. Und vor Aufklärern und Flakschüssen hatte man lange keine Angst. Ich erinnere mich noch so gut an eine Nacht in der meine Mutter von einem Fenster zum anderen lief und kleine Flugzeuge bestaunte, die in grellem Scheinwerferlicht glänzten. Sie überredete mich auch aufzustehen. Ein Flugzeug wurde abgeschossen, die Trümmer lagen teilweise sogar in der Strasse, in der wir wohnten. Aber das Stadtviertel 3 Tage in Feuer und Dunst so daß die Sonne nicht durchkommen konnte – das kam erst Jahre später. Ich würde mir nie einen Film ansehen, in dem solche Dinge gezeigt werden. Wenn es in der Tagesschau um Krieg geht, verlasse ich heute noch das Zimmer.

Weihnachten 1940/41 in Frankfurt

Ob ich in dieser „heiligen" Nacht 1940 in der Kirche war? An sich mag ich dieses Fest gern, aber meist kann ich mich nicht zu einem Kirchgang entschliessen. Bei uns zuhause war es in diesen Jahren an Weihnachten sehr ruhig, Jubel und Trubel hatte es nur gegeben so lange eine Anzahl von Kindern im Haus war. Und nun konnte man ja Robert und mich nicht mehr als „Kinder" zählen.

Nachdem ich wieder in Göttingen war, begann ich das Amtsblatt zu lesen. Wir hatten das im Institut und ich musste es ohnehin inventarisieren. Also konnte ich auch jeweils die letzten Seiten ansehen, auf denen die Ernennungen standen. Habilitation war keine Ernennung, also standen Habilitationen nicht im Amtsblatt. Dozenturen waren jedoch darin verzeichnet. Es hatte schon 1940 einige wenige Ernennungen zur Dozentin gegeben. Aber die Ernennungen von Frauen waren noch sehr spärlich. Im Frühjahr gab es dann mal gleich drei Frauen, die zur Dozentin ernannt wurden. Also nahm ich an nicht mehr zu sehr aufzufallen, wenn ich mich bewerben würde. Es gab ja aber ausser meinem weiblichen Geschlecht noch die Differenzen mit der Frankfurter NS-Studentenschaft, die sich sicher in meine Akten eingeschlichen hatten. Andrerseits gab es auch eine grosse Anzahl vernünftiger Leute quer durch die Bürokratie. Und in diesen Jahren änderte sich manches. Die Partei bekam Differen-

Wieder in Göttingen

zen mit ihren eigenen Leuten. Es ging also nicht mehr nur gegen andere Bevölkerungsgruppen sondern gegen Feinde in den eigenen Reihen. Das ist sicher typisch für Diktaturen, wenn sie einen bestimmten Punkt erreicht haben. Und dann kann man als unauffälliger Aussenseiter eher durch die Maschen schlüpfen. So konnte ich also im Sommer 1941 meine Antrittsvorlesung halten. Es war das letzte Mal, daß mein Einsegnungskleid in Aktion trat. Einige Zeit danach wurde ich Dozentin.

Antritts-vorlesung 1941

Wahrscheinlich war mir diese Sache damals garnicht so wichtig. Ich hätte wohl ohnehin noch einige Jahre Mathematik betreiben können, und darauf kam es mir ja in erster Linie an. Aber diese äusserliche Entscheidung hat die Problematik beseitigt. Mit der Ernennung zur Dozentin war damals (wie heute) keine „Verbeamtung" verbunden. Ich war Assistent, und blieb es noch lange, denn eines war besser als heutzutage: Wenn man brauchbar war, konnten auch die unsichersten Stellen verlängert werden. Meine „wissenschaftliche Laufbahn" hatte also begonnen.

Ernennung zur Dozentin

Namenverzeichnis

Alf 57, 58
Arafat, Jassir (*1929) 17
Artin, Emil (1898–1962) 45, 58
Aumann, Georg (1906–1980) 42

Bernstein, Felix (1878–1956) 53
Bessel-Hagen, Erich (1898–1946)
 19, 21, 43
Betty 11, 22, 35, 37, 43
Blaschke, Wilhelm (1885–1962)
 70
Boehle, Karl (1910–19?) 5, 6, 18,
 22, 32
Braun, Hel (1914–1986) 1
Bruder Robert (1916–1942) 1,
 12, 15, 24, 31, 38, 40, 41, 48,
 63, 69, 73

Carathéodory, Constantin
 (1873–1950) 55, 56
Courant, Richard (1888–1972)
 45

Dehn, Max (1878–1952) 4, 12,
 14, 21, 41–43
Drachen 45, 68

Eichler, Martin (*1912) 45, 55
Epstein, Paul (1871–1939) 4

Gentzen, Gerhard (1909–1945)
 71, 72
Gerda 24, 25, 29
Grüneisen 25

Hahn, Otto (1879–1968) 55
Hasse, Helmut (1898–1979)
 44–47, 56, 59, 67, 70

Hecke, Erich (1887–1947) 52, 56,
 70
Heidegger, Martin (1889–1976)
 34
Helene (Patentante) 1, 40
Hellinger, Ernst (1883–1950) 2,
 4, 5, 12, 15, 21, 23, 29, 41–43
Hensel, Kurt (1861–1941) 27
Herglotz, Gustav (1881–1953)
 45, 46, 50, 51, 55–59, 64, 68,
 69, 71, 72
Hilbert, David (1862–1943) 32,
 50–56, 69, 72
Hilbert, Franz (1893–1969) 51,
 55, 56
Hilbert, Käthe (1864–1945)
 51–53, 55, 56
Hilpert, Heinz (1890–1967) 55
Hlawka, Edmund (*1916) 45
Hölder, Otto (1859–1937) 60
Humbert, Pierre 45, 46

Kähler, Erich (*1906) 27
Kaluza, Theodor (1885–1954)
 45, 56, 68, 71
Kant, Immanuel (1724–1804) 34
Klärchen 51, 54, 56
Klärchens Tochter 51
Klein, Felix (1849–1925) 60
Klingen, Helmut (*1927) 55
Krafft, Maximilian (1889–1972)
 26

Landau, Edmund (1877–1938)
 21, 60

Maaß, Hans (*1911) 55
Madelung, Erwin (1881–1972) 33

Magnus, Wilhelm (*1907) 4–9, 11, 27, 29, 39, 43
Maria 19–21
Moufang, Ruth (1905–1977) 4, 5, 14, 27, 29, 43
Mucki (= Reidemeister, Kurt) 26–30
Mussolini, Benito (1883–1945) 62

Neffe Robert (*1942) 48, 64
Neumann, Ernst (1875–1946) 27
Nevanlinna, Rolf (1895–1980) 44
Noether, Emmy (1882–1935) 46, 52, 72

Paul 45
Peter (*1910) 6, 9–12, 15–17, 21, 24, 29, 31, 33, 37–40, 43, 63, 73
Pinze (= Reidemeister, Elisabeth) 27
Planck, Max (1858–1947) 55

Reidemeister, Kurt (1893–1971) 26, 27, 30, 52
Rellich, Franz (1906–1955) 27, 28
Remy, Hildegard 7
de Rham, Georges (*1903) 45
Riemann, Bernhard (1826–1866) 60, 61
Riemanns Witwe 60, 61
Rilke, Rainer Maria (1875–1926) 61

Rohrbach, Hans (*1903) 45, 67, 68

Sanitätsrat 3, 15
Schaffeld, Egon 19–21, 54, 64, 67
Schmidt, Arnold (1902–1967) 28, 56
Schmucker 55, 71
Schneider, Mike 64
Schneider, Theodor (1911–1988) 27, 29, 31, 35, 40, 43, 45, 55, 56, 64, 65
Scholz, Arnold (1904–1942) 45
Schwester Louise 57–59, 68, 69
Siegel, Carl Ludwig (1896–1981) 4–12, 15, 18–23, 29–31, 33–51, 55–67, 69, 70
Steffi 58
Strindberg, August (1849–1912) 59

Teichmüller, Oswald (1913–1943) 45
Threlfall, William (1888–1949) 41, 42

Vater (= Robert Gottlob Braun) (1870–1947) 3, 12, 15, 23, 24, 40, 41, 69

Witt, Ernst (*1911) 45
Wucherer 21, 22

Ziegenbein, Paul (1905–1983) 32

Erinnerungen an Hel Braun

Hel Braun, 1940

Hel Braun, 1941

Hel Braun, 1941

Hel Braun, 27. Mai 1941

Hel Braun und
Pierre Humbert,
1938/39

Hel Braun und
Emil Artin, 1960

Hel Braun,
Göttingen 1949

Carl Ludwig Siegel

13.XII.40.

Liebe Eltern!

Den Dr. phil. nat. habil. habe ich gestern bestanden. Nun gibt es dabei keine und Geld kostet es nichts.

Ich schreibe dann, wann ich heimkomme. Jedenfalls nicht vor dem 22.XII.

Bitte meldet den Speck in Efm. an.

Gruss eure Heel.

S. Kovalevskaya

A Russian Childhood

Translated, Edited and Introduced by B. Stillman

With An Analysis Of Kovalevskaya's Mathematics by P. Y. Kochina

1978. XIV, 250 pp. 8 figs. Hardcover DM 54,–
ISBN 3-540-90348-8

Contents: Earliest Memories. – The Thief. – Metamorphosis. – Palibino. – Miss Smith. – Uncle Pyotr Vasilievich Krukovsky. – Uncle Fyodor Fyodorovich Shubert. – My Sister. – Anyuta's Nihilism. – Anyuta's First Literary Experiments. – Our Friendship with Fyodor Mikhailovich Dostoevsky. – Notes. – An Autobiographical Sketch. – On the Scientific Work of Sonya Kovalevskaya.

The childhood reminiscences of the famous Russian mathematician Sonya Kovalevskaya (1850–1891) are an important and delightful piece of cultural and social history. They describe the background and the development of one of the greatest female mathematicians in modern history.
Besides an exceptional research mathematician, S. Kovalevskaya was also a gifted writer, and a progressive social and political thinker who was in touch with many leading cultural figures of her time. In an episode in **A Russian Childhood** she describes a first encounter with Dostoevski.

A Russian Childhood has not been available in English for a considerable number of years. In addition to a completely new translation of the main text, this edition contains several passages which have never been published in English, a thorough introduction with much background material by the translator, notes, and a summary of Sonya Kovalevskaya's mathematical work by P. Y. Polubarinova-Kochina.

Springer-Verlag Berlin
Heidelberg New York London
Paris Tokyo Hong Kong

C. Reid, San Francisco, CA

Hilbert – Courant

1986. XV, 547 pp. 65 photographs. Softcover DM 86,-
ISBN 3-540-96256-5

This is a combined edition of Constance Reid's two popular books. Hermann Weyl's obituary of Courant, but it does have a number of new photographs.

From the reviews of the previous editon: "David Hilbert (1862–1943) was one of the greatest mathematicians in an age of great mathematicians... Mrs. Reid has done full justice both to his life and to his work; and her account is supplemented by a condensed version of Hermann Weyl's appreciation of Hilbert's mathematical work written for the American Mathematical Society in 1944." *The Times*

"Constance Reid, author of Hilbert and A Long Way from Euclid, has surpassed these achievements in Courant. This story of the German-American mathematician Richard Courant (1888–1972), founder of mathematics institutes at both Göttingen and New York University, belongs in every high school and university library and on the night table of anyone interested in mathematics..." *Science Books and Films*

"Extra Göttingen non est vita. Outside Göttingen there is no life. So reads the arrogant motto on the wall of the rathskeller in that little hill town, where the yellow brick university lies just outside the old wall. It is Gauss's university, as for scientists Cambridge must always be Newton's. In 1895, a century after Gauss had matriculated, David Hilbert, scion of an old Puritan family and son of a Königsberg judge, became a Göttingen professor. Until he retired in 1930 he stood as a worthy successor to Gauss, first among a dozen great mathematicians of Göttingen." *Scientific American*

Springer-Verlag Berlin
Heidelberg New York London
Paris Tokyo Hong Kong

Druck:
Customized Business Services GmbH
im Auftrag der
KNV Zeitfracht GmbH
Ein Unternehmen der Zeitfracht - Gruppe
Ferdinand-Jühlke-Str. 7
99095 Erfurt